ISBN 978-1-365-42280-5

Guidelines for Medical Students

A Maltese Aid

Professor Charles Savona Ventura

Elizabeth Cassar

Department of Obstetrics & Gynaecology

University of Malta

Medical School

Malta 2016

Published

by

Elizabeth Cassar

No part of this publication may be reproduced, stored in a retrieval system or transmitted to any form by any means, electronic, mechanical, photocopying, recording or otherwise, without the previous permission of the publisher and author.

CONTENTS

INTRODUCTION	7
HISTORY TAKING	8
INTRODUCE YOURSELF & OBTAIN CONSENT TO TAKE HISTORY/	
PERSONAL HISTORY /PRESENTING COMPLAINT	9
ASSOCIATED SYMPTOMS – SYSTEMIC ENQUIRY	11
MENSTRUAL HISTORY	13
SEXUAL HISTORY	14
OBSTETRIC HISTORY	15
PAST MEDICAL & SURGICAL HISTORY	16
DRUG HISTORY	17
FAMILY HISTORY	18
SOCIAL HISTORY	19
CLINICAL EXAMINATION	20
OBTAINING CONSENT TO EXAMINE PATIENT	20
ENGLISH-MALTESE TECHNICAL DICTIONARY	21

INTRODUCTION

The principles of history taking and physical examination in obstetric and gynaecological patients are similar to those in other branches of medicine, but there are aspects that are specific to the speciality. In general, history taking and physical examination should be carried out in a logical sequence. The medical student should understand the purpose of each posed question and each observational aspect of the examination. While there is marked overlap between the clinical assessment of the obstetric and the gynaecological patient, it will be appreciated that the emphasis differs in the two clinical situations.

In the local circumstances, communication is best carried out in vernacular Maltese to ensure correct interpretation. This may not always be easy especially since all medical education within the Faculty is carried out in English. This short work prepared by Ms. E. Cassar translates the basic questions necessary to communicate with patients during the history taking and during the clinical examination. It serves to supplement the previously published "Guidelines for Medical Students – Gynaecological & obstetric history taking and physical examination" and the glossary of Maltese terms relevant to reproduction published in "Translation For Specific Purposes: An Anglo-Maltese Scenario Of Reproductive Health".

Prof C. Savona-Ventura

HISTORY TAKING

The scope of taking a clinical history in any situation is to identify the clinical problem and obtain sufficient detail to allow for the formulation of a provisional diagnosis so that the subsequent clinical examination and investigations are targeted to narrow down the diagnostic possibilities further. During history taking, the medical student should at all times show the patient the respect that is due to her; while full confidentiality must be maintained at all times bearing in mind that the relationship between the professional and his client is based on mutual trust and respect. History taking should follow a logical and chronological sequence. Each clinician has his particular preference. A general useful scheme for a gynaecological history is outlined below.

Introduce yourself & obtain consent to take history	"Hello. I am Mr/Ms ****, a medical student. Do you mind if I ask you some questions about your medical condition?" "Bongu. Jiena Mr/Ms****, studenta tal-Medicina. Jimporta jekk joghgbok nistaqsik xi mistoqsijiet dwar il-kundizzjoni medika tighek?"
Personal history	Name, age, address [if relevant], marital status, occupation. Isem, eta, indirizz (jekk rilevanti), stat maritali, x'jahdem
Presenting complaint	"What is the problem that brought you to the hospital/clinic?" "X' inhi l-problema li gabitek l-isptar/klinik?" ***Best to record this in the patient's own words.*** "Were you referred by your doctor or did you self-refer yourself to the hospital/clinic?" "Minn irreferik hawn, xi tabib jew gejt minn jeheddek l-isptar/klinik?" ***Patient may not furnish sufficient details, in which case it will be necessary to amplify with specific directed questions. E.g. SOCRATES relating to pain:-*** Site: where, local/diffuse Sit: Fejn, jekk hux post wiehed jew ugigh mxerred. Onset: rapid/gradual, pattern, worse/better since onset Il-Bidu: Malajr/ftit ftit, kif qed jigri l-ugigh, jekk hux sejjer ghall-aghar jew ahjar mill-bidu tieghu.

	Character: sharp/dull/stabbing, burning/cramp/crushing X'tip ta ugigh: qawwi, hruq, bughawwieg, fil-fond Radiation: "Does the pain affect you anywhere else?" to thigh, 11 loin, or elsewhere Fejn jmur: "L-ugigh qed jaffetwalek xi mkien iehor?" - bhallkuxxtejn, genbejn jew xi mkien iehor Alleviating factors: "What do you do to make yourself comfortable?" "Is the pain better after menstruation?" X'taghmel ghall-ugigh: "'X'tipprova taghmel biex ittaffi lugigh?" "L-ugigh ikun ahjar wara l-mestrwazzjoni?" Time course: "When did the pain start?"; if pain is chronic "What made you seek attention now?" "Is the pain worse at any time of the cycle?" Zmien: "Meta beda l-ugigh?"; jekk l-ugigh kroniku "X'gieghlek tigbed l-attenzjoni issa?" "Meta l-aktar li jaghfas l-ugigh?" Exacerbating factors: "Is there anything that brings on or makes the pain worse?" Fatturi li jigravaw: "Hemm xi haga li jaghmillek l-ugigh aktar gravi?" Severity & Impact on life: "On a scale of 1 to 10, at what level would you classify the pain?" "Does it interrupt your life?" L-impatt li jhalli fuq il-hajja: "Minn wiehed sa ghaxra kif tikklasifika l-ugigh? Itellfek fil-hajja ta kuljum?"

In the obstetric patient, its may be best to consider the "presenting complaint" in two parts:

A. The history of present illness or complaint [see above]; and

B. The history of the current pregnancy.

The history of the current pregnancy is best considered in different trimesters to date.

1. First trimester: After taking the menstrual history [see below], one proceeds to ask about any problems that may have occurred during the first three months of pregnancy, particularly specific associated symptomatology of nausea/vomiting [dardir jew remettar], vaginal bleeding [demm mill-vagina], and urinary symptoms [sintomi fl-awrina]. Establish when patient confirmed her pregnancy ["When did the pregnancy test show up as positive?" – "meta hareg posittiv t-test tat-tqala?"]; and establish when she actually first visited her doctor. "Was the pregnancy planned?" – "Din tqala ppjanata?". In which case did she start preconceptional folic acid. If not when did she start these and other haematologicals [if at all]. "Was an ultrasound scan done at any time during the first three months?" - "Sar ultrasawnd f'dawn it-tlett xhur tat-tqala?"If so, "What comments did the doctor make about the findings?" - "X'kummenti ghadda t-tabib b'dak li ra?"

2. Second trimester:

♣ Where there any particular problems during the second three months of pregnancy?

♣ Kien hemm xi tip ta problemi fit-tieni tlett xhur tat-tqala?

♣ Any bleeding? Any urinary problems? Any other problem/s?

♣ Rat xi dmija jew kellha problemi bl-awrina? Kien hemm problemi ohra?

♣ When did she visit the doctor? Were any blood tests performed and what was she told about the results, anaemia, blood group, etc.?

♣ Meta kellha vista? Saru xi testijiet tad-dmija u jekk iva , x ' kienu r-rizultati, anemija, jew x'tip ta demm, etc..?

♣ Was an ultrasound scan done during this period and what were the doctor's comments about this? Was the placenta in the correct position? Was the foetus growing adequately?

♣ Sar xi ultrasawnd f'dan iz-zmien u x'kienu l-kummenti tat-tabib? L-placenta kienet f'postha? Ilfetu kien qed jikber b'mod normali?

♣ Were any abnormalities noted during examination? Was the blood pressure normal? Any glycosuria or albuminuria noted?

♣ Gew innutati xi tip ta anormalitajiet meta giet ezaminata? Il-pressjoni kienet normali? Lawrina u albuminurja?

3. Third trimester to date:

♣ Where there any particular problems after the sixth month of pregnancy? Any bleeding? Any urinary problems? Any other problem/s?

♣ Kien hemm xi tip ta problemi wara s-sitt xahar tat-tqala? Rat dmija? Problemi fl-awrina jew xi problemi ohra?

Menstrual history	♣ Length and regularity of cycles - **Regularita u tul tac-ciklu** ♣ Severity of menses - length of menses, heavy, flooding, presence of clots, number of tampons/pads used - Kemm tkun mugghuha fic-ciklu – **kemm idum ic-ciklu, kemm tara dmija, jekk jigiex b'mod qawwi, prezenza ta emboli, numru ta tampuni li tuza** ♣ Pain during menses – timing of pain in relation to menses [beginning, end]; character of pain [dull persistent, coliky] - **Ugigh matul ic-ciklu – Kemm idum lugigh relatat mac-ciklu (mill-bidu sa l-ahhar); u x'tip ta ugigh (persistenti jew ugigh addominal sever ikkawzat minn spazmu)** ♣ Last menstrual period [first day] - L-**ahhar li rajt ciklu (l-ewwel gurnata)** ♣ Presence of spells of no periods in absence of pregnancy; bleeding between periods; after intercourse - **Kienx hemm xi perjodi fejn ma rajtx ciklu anke jekk mhux tqila; tara dmija bejn zewg cikli; wara att sesswali** ♣ Time of menarche and menopause. If menopausal: assess for associated symptoms [hot flushes, night sweats]; history of postmenopausal bleeding - **Zmien bejn l-ewwel ciklu tieghek sal-menopawsa. Jekk fil-menopawsa: evalwa s-sintomi (bhal fwawar, tqum ghasra bl-gharaq bil-lejl); storja ta dmija wara l-menopawsa.**

Sexual history	♣ Sexually active; number of partners - **Intiex attiva sesswalment; ma kemm ilmsieheb** [be discreet!]. ♣ Contraception being used currently and any used previously - **Kontracezzjoni uzata issa jew qabel** ♣ Physical or other difficulties during intercourse – if pain check whether deep/superficial, always/sometimes - **Diffikultajiet fizici jew ohra waqt l-att sesswali – jekk ugigh, iccekkja jekk hux superficjali jew profond u jekk hux dejjem** ♣ Pap smear: date & result of last smear - Smear test: **data u l-ahhar rizultat**

Obstetric history	♣ Any difficulty in conceiving - Hemmx diffikulta biex tinqabad tqila; "What treatment was used to assist the infertility?" - **"X'trattament gie uzat biex tassisti linfertilita?"** ♣ Possibility of current pregnancy - **Possibilta li inti tqila.** ♣ Number of previous children - gender, antenatal problems, birth weights, mode of delivery, postpartum complications [bleeding, thrombosis, infection] - **Kemm ghandek tfal - liema sess, problemi qabel it-twelid, kemm jiznu t-trabi, x'tip ta hlas, komplikazzjonijiet war l-hlas (tara d-dmija, trombozi, infezzjonijiet).** ♣ Number of miscarriages, terminations and/or ectopics – what month they occurred, pattern of miscarriage [spontaneous, induced], surgery performed - **Kemm kien hemm korrimenti, waqfien ta tqala/tqala barra minn posta fil-guf – fl-liema xahar gara, kif kien il-korriment (spontanju, intenzjonali) x'tip ta kirurgija saret.**

Past medical & surgical history	♣ "Do you currently suffer from any illnesses – hypertension, diabetes, epilepsy, asthma, bleeding disorders, etc.?" - "Tbati minn xi tip ta mard? – pressjoni gholja, dijabete, epilepsija, azzma, disturb fic-ciklu, etc...?"; "Have you ever been seriously ill before – cardiovascular episodes, jaundice, STD – PID, etc.?" - "Qatt kont xi darba marida serjament- mard tal-qalb, suffejra, infezzjonijiet trasmessi sesswalment, Infjamazzjoni fil-pelvi, etc...?" ♣ "Have you undergone any surgery – appendicitis, gynaecological surgery – abdominal or vaginal [inclusive D&C]?" - "Qatt ghamilt xi operazzjonijietappendicite, kirurgija ginekologa- addominali jew vaginali (anke raxxkament)?"; "Did you have any problems with anaesthesia?" - "Kellek xi problemi bil-loppju?"; "Did you require blood transfusion?" - "Kellek bzonn trasfuzzjoni tad-demm?" ♣ "Have you ever seen a gynaecologist before – for what reason?" - "Qatt kellimt Ginekologu qabel - ghall-liema raguni?" ♣ "Have you received all the childhood vaccinations – rubella, HPV, TB?" - "Kollha hadthom it-tilqim tat-tfulija- Hozba germaniza, HPV,TB?"

Drug history	♣ "Are you on any medications at present? – **"Qieghdha fuq xi tip ta medicina filprezent?"** - list
	♣ "Are you allergic to any medications- what happened when you took the medication?" - **"Allergika ghall xi tip ta medicina- x'gara meta hadtha?"** [ensure allergy since patients often associate development of vaginal thrush as an adverse reaction to antibiotic use].

Family history	♣ "Are your parents still alive?" - **"Il-genituri ghadhom hajjin?"** "Do they suffer from any illness?" – **"Ibatu minn xi tip ta mard?"**. If dead – "What was the cause of death?" - **"Biex mietu?"** ♣ "Do you have any brothers or sisters?" - **"Ghandek hutek?"**. If yes – "What is their state of health?" - **"Kif inhuma fis-sahha?"** ♣ "Is there any family related disease in your family that you are aware of?" – diabetes, hypertension, malignancy, twins - **"Hemm xi tip ta mard fil-familja li taf bih?"** – **dijabete, pressjoni gholja, mard malinn, tewmin** ♣ "What is the state of health of your spouse? Your children?" - **"Kif inhi s-sahha tar-ragel? tat-tfal?"**

Social history	♣ Race & migration if relevant - **Razza u migrazzjoni**
	♣ Present and past occupations – **Xoghol prezenti u passat**
	♣ Diet, physical activity - **Dieta u attivita fizika**
	♣ Smoking, alcohol, entertainment drugs - **Tpejjipx, tixrobx jew drogi**
	♣ "Who lives with you at home?" – **"Min jghix mieghek id-dar?"**. Support of other household members - **appogg minn membri ohra fid-dar**; "Any pets?" – **"Annimali domestici?"**
	♣ "Have you travelled overseas recently? – Where?" - **"Sifirt dan l-ahhar?" –"Fejn mort?"**

At this point one should be in a position to identify the PRESENTING COMPLAINT and to formulate a working provisional diagnosis.

CLINICAL EXAMINATION

The scope of the clinical examination is to gather further clues to supplement the information gathered from the clinical history to help identify the clinical problem and narrow down the differential diagnosis. With this aim in mind, the examination should be a comprehensive but targeted one. Always obtain the patient consent to allow you to perform the examination and explain at all times to the patient what you plan to do.

- REMEMBER TO ALWAYS PUT THE PATIENT AT EASE AND ENSURE COMFORT.

- BE SENSITIVE TO THE PATIENT'S FEELINGS AND DECENCY.

Obtaining consent to examine patient	♣ "Do you mind if I examine you? You can ask me to stop at any time you feel uncomfortable?" ♣ "Jimporta jekk nezaminak ftit? Waqqafni jekk thossok skomdu?"

ENGLISH-MALTESE

TECHNICAL DICTIONARY

A

Abdomen	Żaqq; addome [®2]
Abdominal	Addominali [®2]; miż-żaqq
Abdominal delivery	Ħlas addominali normalment b'operazzjoni ta' Ċeżarja
Abdominal hysterectomy	Isterektomija addominali; tneħħija tal-utru b'operazzjoni miż-żaqq
Abdominovaġinal hysterectomy	Tneħħija tal-utru b'operazzjoni konġunta miż-żaqq u l-vaġina
Abnormal vaġinal discharge	Tisfija vaġinali anormali
Abnormality	Anormalitá [®2]
ABO incompatibility	Inkompatibilita tat-tip tad-demm ABO
Abortifacient	Li wassal għall-abort [®2]
Abortion	Abort [®2]; rimi [®1:p.102]; korriment
Abortus	Fetu uman li jiżen inqas minn 0.5 kilogrammi
Abruptio placentae	Separazzjoni tal-plaċenta mill-utru tal-omm
Acetowhite	Dabra bajda fuq iċ-ċerviċi tal-utru wara l-applikazzjoni tal-ħall
Active phase arrest	Ħlas normali miexi bil-mod matul il-fażi attiva tal-ħlas
Active phase of labor	Il-fażi attiva tal-ħlas
Acute	Akut [®2]
Acyclic pelvic pain	Uġigħ fil-pelvi mhux ċikliku
Adenoma	Adenoma; tumur mhux malinn [kanċer] jixbaħ glandola [®2]
Adenomyosis	Kundizzjoni fejn l-inforra ta' l-utru tikber fit-tessut tal-muskolu tal-utru
Adherent placenta	Plaċenta li tibqa mwaħħla wara t-twelid tal-fetu
Adhesions	Twaħħil; adeżjoni [®2]
Adnexa	Appendiċi għall-utru jinkludu l-ovari u it-tubi ta' Fallopju
Adnexal mass	Massa jew tumur fit-tessut qrib l-utru
Agalactia	Nuqqas ta' ħalib tas-sider
AIH - artificial insemination by husband	Inseminazzjoni artifiċjali mir-raġel
AID - artificial insemination by donor	Inseminazzjoni artifiċjali minn donatur
Alpha-fetoprotein [AFP]	Il-Proteina AFP. Il-Livell tal-AFP tista tgħin biex tindika jekk it-tarbija għandiex xi anormalitá

Amenorrhea-galactorrhea syndrome	Kundizzjoini fejn nuqqas ta' ovulazzjoni hu assoċjat mill-produzzjoni anormali tal-ħalib fis-sider
Amenorrhoea	Assenza ta' mestrwazzjoni [®2]
Amniocentesis	Amnjoċentesi; Teħid ta' kampjun ta' fluwidu amnijotiku b'labra [®2]
Amniohook	Instrument li jintuża waqt il-ħlas biex jifqa il-borża tat-tqal
Amnioinfusion	Infużżjoni ta' fluwidu fil-borża tat-tqala
Amnion	Borqom [®2]; il-parti ta' ġewwa tal-membrani irqaq madwar il-fetu fil-ġuf; parti mil-borża tat-tqala
Amnion nodosum	Leżjoni fuq il-membrani tat-tqala
Amnion rupture	Ftuq spontanju tal-borqom [borża tat-tqala]
Amniotic fluid	Fluwidu tal-borqom; fluwidu madwar it-tarbija
Amniotic fluid index[AFI]	Stima tal-ammont ta' fluwidu fil-borqom
Amniotic sac	Il-borża tat-tqala; borqom
Amniotomy; artificial rupture of membranes [ARM or AROM]	Ftuq kirurġiku tal-borqom biex jinduċi l-ħlas
Amorphous fetus	Fetu mingħajr forma
Ampulla	It-tarf tat-tubu fallopjan l-aktar imbiegħed mill-utru
Anaemia	Anemija [®2]
Anaesthesia	Anestesija; loppju [®2]
Anaesthetist	Anestetista [®2]
Anal incontinence	Inabbilita li jżomm il-ħmieg fir-rektum
Anal sphincter	Il-muskolu madwar il-marġni ta' anus
Analgesia	Analġeżija [®2]; mediċina biex ittaffi l-uġigħ
Androgens	Androġen [®2]; ormoni maskili
Anembryonic gestation	Tqala f'ewwel tlett xhur li tiżviluppa b'assenza ta' l-embriju
Anonymous donor sperm [ADS]	Sperma donata b'mod anonimi
Anovular menstruation	Mestrwazzjoni li tiġri mingħajr ma saret ovulazzjoni
Anovulation	Ċiklu mestrwali fejn il-bajda ma' tinqatax
Anteflexion	Il-kurvatura lejn il-quddiem normali tal-utru
Antenatal [prenatal]	Qabel it-twelid [®2]; prenatali
Antepartum	Il-perjodu qabel it-twelid
Anterior lip of the cervix	Il-parti anterjuri tal-għonq ta' l-utru [porzjon vaġinali tac-ċerviċi]
Antibiotics	Antibijotiċi
Antibody	Antikorpi; sustanza li tgħin il-ġisem jiġġieled kontra ċertu mard

Anti-coagulant medication	Kura biex traqqaq id-demm u tipprevjeni id-demm milli jagħqad [koagulazzjoni]
Anti-D	Antikorpi kontra il-fattur tad-demm Rhesus
Antigen	Antiġenu [®2]; molekula li is-sistema immunitarja tgħaraf bħala barranija
Anti-inflammatory drugs	Mediċini anti-infjammatorji
Antiretroviral drug [ARV] therapy	Terapija speċifika li tintuża kontra il-virus HIV
Antispasmodic medication	Terapija li tintuża biex ittaffi l-uġigħ u spażmu rritabli tal-musrana
Anus	Toqba li-tikkontrolla l-ippurgar; it-toqba tal-fundament [®1:p.24]
Apareunia	Inabbiltà li jiwettaq kopulazzjoni sesswali
Apgar score	Evalwazzjoni tal-kundizzjoni tat-tarbija eżatt wara t-twelid
Appropriate for gestational age [AGA]	Qbil bejn id-daqs tat-tarbija u l-kalkoli li jsiru b'mod kliniku
Areola	Il-ċirku żgħir madwar il-bżieżel [®2]; ras iż-żejża
ARM or AROM [artificial rupture of membranes]	Ftuq artifiċjali tal-membrani [ara amniotomy]
Arrest of foetal descent	Twaqqief ta' l-inżul tat-tarbija matul it-tieni stadju tal-ħlas
Arrest of labor	Twaqqief ta' l-proċess matul l-ewwel stadju tal-ħlas
ASCUS [atypical squamous cells of undetermined significance]	Riżultat ftit anormali fuq 'smear test'
Aspermatism	Aspermatiżmu; nuqqas ta' sperma fir-raġel [®2]
Assisted vaġinal birth [instrumental or operative vaġinal delivery]	Twelid assistit mit-tabib ġeneralment b'użu tal- istrumenti [forċipi jew ventuż]
Assisted breech delivery	Twelid assistit meta it-tarbija tippreżenta mill-warrani
Assisted cephalic delivery	Twelid assistit meta it-tarbija tippreżenta mir-ras
Assisted conception; assisted reproductive techniques [ART]	Konċepiment assistit b'mod artifiċjali; metodi ta' riproduzzjoni assistita
Assisted żonal hatching [AZH]	Traqqaq fis-saff protettiv li jdawwar l-bajda
Atypical glandular cells of undetermined significance [AGCUS]	Riżultat ta' sinifikat mhux magħruf fuq 'smear test'
Autoimmune response	Rispons immunoloġiku kontra organi fil-ġisem
Autosomal	Awtosomali; kromożomi li ma jidditerminawx is-sess

Axilla	Abt; il-ħofra taħt l-ispalla
Axillary node sampling	Teħid ta' kampjun ta' għoqda taħt l-abt
Ayre cervical spatula	Sturment biex jittieħed l-"smear test" mill-għonq ta' l-utru

B

BABE Ultrasound	Programm li jiġġenera rapporti ta' ultrasawnd
Bacteria	Mikrobi
Bacterial Vaginosis [BV]	Mikrobi vaġinali
Bacteriuria	Preżenza ta' batterji fl-urina
Balfour Retractor	Strument użat mill-kirurgu biex jagħmel inċiżżjoni addominali
Brucella Melitensis; Brucellosis	Deni irqiq [jista jkun kaġun ta' korriment fil-bhejjem] [®2]
Bartholin Cyst	Ċisti fil-glandola ta' Bartholin
Bartholin Glands	Il-glandoli vestibulari ta' Bartholin jinsabu fuq kull naħa lejn il-warrani tat-tarf tal-vaġina
Bartholinitis	Infezzjoni fil-glandola ta'Batholin
Basal Body Temperature [BBT]	Temperatura bażali tal-ġisem li tittieħed l-ewwel ħaġa fil-għodu - tintuża minn nisa biex tikkonferma l-ovulazzjoni jew sinjali tat-tqala
Benign	Beninn [®2]; tibdil fis-strutura tas-tessut li ma jinvadiex organi oħra u għalhekk m'hux kanċer
Benign Cellular Changes [BCC]	Bidliet benini fic-ċellulari ta' l-għonq ta' l-utru
Betamethasone	L-isterojdu betemethasone [glukokortikojde moderatament qawwi b' effeti antinfjammatorji; jintuża ukoll biex issaħħaħ il-pulmun tal-fetu prematur jekk jingħata 24 siegħa qabel il-ħlas]
Bicornuate Uterus	L-utru doppju riżultat ta' żvilupp mhux normali ta' organu [hu normali f' ċertu annimali]
Bifid Renal Pelvis	Duplikazzjoni tan-naħa ta' fuq tas-sistema li tmexxi l-urina minn kliewi għal-bużżieqa ta' l-urina
Bigeminal Pregnancy	Tqala doppja [ġemellata]; tqala tewmija
Bilateral Oophorectomy	Tneħija taż-żewg ovarji
Bimanual Compression Of Uterus	Tagħfis ta' l-utru b'żewgt idejn li jintuża biex jikkontrolla it-telf ta' demm wara ħlas
Bimanual Pelvic Examination	Eżami manwali tal-organi ġenitali

Binovular Twin	Tqala tewmija li bdiet minn żewġ ovuli differenti
Biophysical Profile [BPP]	Testijiet biex ikejlu s-saħħa tal-fetu matul it-tqala
Biopsy	Bijopsija
Biparietal Diameter [BPD]	Kejl tad-djametru tal-fetu fil-ġuf
Bird Vacuum Extractor	Ventuż ta' Bird
Birth	Twelid; ħlas [®2]
Birth Asphyxia	Twelid asfissiku iseħħ meta it-tarbija ma tirċiviex biżżejjed ossiġnu qabel, matul jew eżatt wara it-twelid.
Birth [Or Fertility] Control	Metodu biex tikkontrola il-fertilitá
Birthing Chair	Siġġu tal-ħlas
Birthing Room	Il-kamra fejn isir il-ħlas [fil-passat djar kbar kien ikollhom kamra apposta fejn il-mara tad-dar teħles it-tarbija]
Birthmark	Tbajja fil-ġilda preżenti mit-twelid
Bisexual	Bisesswali [®2]; appartjeni għaż-żewġt sessi [il-problema tista tkun anatomika jew psikologika]
Bladder	Bużżieqa tal-urina [pipi]
Blastocyst	Embriju ta' madwar sitt ijiem wara l-fertilizzazzjoni
Bleeding	Telf ta' demm; fsada
Blighted Ovum [See Anembryonic Gestation]	Tqala fl-ewwel tlett xhur li tiżviluppa b'assenza ta' l-embriju
Blood Clots	Demm maqgħud
Blood Group	Grupp tad-demm [ġeneralment nirriferu għal gruppi ABO u Rhesus, imma hemm ħafna oħrajn]
Blue Baby	Tarbija li titwieled b'kulur blu minħabba nuqqas ta' ossiġnu jew anormalitá tal-qalb; blubejbi [®3:p50]
Body Mass Index [Bmi]	Indiċi tal-massa tal-ġisem
Brachial Plexus Injury	Trawma tan-nervituri tad-dirgħajn.
Braxton Hicks Contractions	Kontrazzjonijiet tal-utru matul it-tqala
Breast	Sider, Żejża [®2]
Breast Binding	Irbit tas-sider [jintuża biex jwaqqaf il-produzzjoni tal-ħalib ta' l-omm]
Breast Engorgement	Sider mimli ż-żejjed b'ħafna ħalib
Breast-Fed Baby	Tarbija imreddgħa
Breech	Briċ [®2]; tarbija li tippreżenta mill-warrani jew mis-saqajn minflok mir-ras; kulatta [®3:p214]

Breech Delivery	Ħlas ta' tarbija li tippreżenta mill-warrani - jista jkun assistit jew b'ċeżarja
Breech Extraction	Estrazzjoni mill-utru ta' tarbija ppreżentata mill-warrani
Brim Of The Pelvis	Xifer tal-pelvi
Brow Presentation	Preżentazzjoni fejn it-tarbija tippreżenta moħħa [ġbina]
Bulbocavernouses	Muskoli tal-parti pelvika li jdawwru l-orifiċju tal-vaġina
Burning Vulva Syndrome	Hruq fil-parti ġenitali tas-sess femminili
BUS [Bartholin, Urethral, And Skene] Glands	Glandoli tal-vaġina

C

CA-125 [cancer antigen-125]	Markatur biokemiku li jintuża f'evalwazzjoni tal-kura għall-kankru tal-ovarji
Caesarean section [C-section]	Ċeżarja
Caked breast	Nefħa u uġigħ fis-sider li jseħħ matul l-aħħar jiem tat-tqala jew fl-ewwel jiem tat-treddigħ
Cancer	Kanċer; tibdil fis-strutura tas-tessut li jinvadi organi oħra
Candida albicans	Moffa [fungu] ta' speċi Candida albicans li tinfetta membrani mukużi inkluż il-vaġina
Candidal vulvovaginitis	Infjammazzjoni tal-vaġina u l-vulva li jiġu ikkawżati minn infezzjoni fungali
Candidiasis	Infezzjoni ikkawżata minn fungu Candida albicans
Carcinoma-in-situ [CIS]	Kanċer li jinvolvi biss iċ-ċelluli fejn beda u li għadu ma nfirix
Carcinoma of the breast	Kanċer tas-sider
Carcinoma of the cervix	Kanċer ta' l-għonq ta' l-utru [taċ-ċerviċi]
Carcinoma of the endometrium	Kanċer ta' l-inforra ta' l-utru [endometrijali]
Cardinal ligament	Ligament maġġur ta' support lill-utru
Cardiotocography [CTG]	Reġistrazzjoni tal qalb tal-fetu u l-kontrazzjonijiet fl-utru waqt it-tqala jew ħlas
Case history	L-istorja tal-mard tal-pazjent [® 3:p498]
Catheter	Kateter; tubu li jddaħħal fil-ġisem [®2]
Caul	It-twelid tal-membrani tat-tqala mat-tarbija [borqom jew mindil tal-fetu] [®2; ®3:p.500]
Cephalhaematoma	Ġabra ta' demm fil-qorriegħa [taħt il-'pericranium'] ta' tarbija tat-twelid
Cephalic version	Manipulazzjoni biex iddawwar it-tarbija minn preżentazzjoni mill-warrani għal preżentazzjoni mir-ras.
Cephalopelvic disproportion [CPD]	Sitwazzjoni fejn ir-ras tat-tarbija hija wisq kbira biex tgħaddi mill-pelvi tal-omm
Cervical amputation	Tneħħija tal-għonq tal-utru
Cervical cerclage	Punt magħmul madwar l-għonq ta' l-utru
Cervical cone biopsy	Theħħija ta' kampjun b'forma konikali mil-għonq ta' l-utru
Cervical dysplasia	Ċelluli anormali fl-għonq ta' l-utru
Cervical ectropion/erosion	Barxa [erożjoni] ċervikali
Cervical excitation	Uġigħ stimulat meta jintmiss l-għonq ta' l-utru

Cervical intraepithelial neoplasia [CIN]	Dehera mikorskopika ta' struttura ċellulari anormali fl-għonq ta' l-utru
Cervical neoplasia	Żvilupp ta' kankru fl-għonq ta' l-utru
Cervical os	Il-bokka ta' l-għonq ta' l-utru
Cervical ripening	Preparazzjoini ta' l-għonq ta' l-utru għal ħlas
Ċerviċitis	Infjammazzjoni tal-għonq ta' l-utru
Cervicovaġinal junction	Linja bejn l-għonq ta' l-utru u l-vaġina
Cervix	L-għonq ta' l-utru, ċerviċi [®2]
Chandelier sign	Sinjal kliniku ta' Chandelier - uġigħ eċċessiv fil-mara b'infjammazzjoni fil-pelvi
Chickenpox	Ġidri r-rih
Chlamydia	Klamidja - infezzjoni tal-organiżmu Chlamydia trachomitis tražmessa sesswalment
Chocolate cysts	Ċisti tad-demm antik li l-apparenza tiegħu hi bħall-ċikkulata.
Cholesterol	Kolesterol [®2]
Chorioamnioitis	Infezzjoni tal-membrani tal-fetu
Choriogenesis	L-iżvilupp tal-'chorion' li hu evidenti fl-ewwel xahar tat-tqala
Chorion	Korju [®2]; il-parti ta' barra tal-membrani irqaq madwar il-fetu fil-ġuf; parti mil-borża tat-tqal
Chorionic villus sampling	Tneħħija ta' kampjun mis-sekonda [plaċenta] biex jsir djanjosi ġenetiċi f'ewwel ġimgħat tat-tqala
Chromosomal abnormality	Kromożomi anormali
Chromosome	Kromożomi - binja organizzata ta' DNA u l-proteina li tinsab fic-ċelluli
Chronic	Kroniku; tat-tul [®2]
Chronic pelvic pain [CPP]	Uġigħ kroniku fil-pelvi
Circumcision	Ċirkonċiżjoni, taħtin [®2]
Clean-catch urine speċimen	Ġbir ta kampjun awrinali meħud b'mod l-aktar nadif
Climacteric	Menopawsa
Clinical guideline	Gwida klinika
Clinical risk factors	Fatturi ta riskji kliniċi
Clitoris	Klitoride; żibġa [®2]; qannuba - l-organu sesswali fil-mara
Clitoromegaly	Tkabbir anormali tal-klitoris
Clomiphene citrate [clomid]	Mediċina anti-estroġenu tintuża biex tistimula l-ovulazzjoni
Coagulation	Tagħqqid tad-demm
Coitus interruptus	Twaqqief ta' l-art sesswali
Collagen	Proteini naturali li jorbot it-tessuti
Colon	Kolon; il-musrana il-ħoxna [kbira] [[®2; ®4:p.285]
Colostrorrhea	Tnixxija anormali abbundanti tal-kolostru

Colostrum	L-ewwel ħalib tas-sider; kollostru [®1:p.82; [®2]; liba [®2]
Colovaġinal fistula	Fistla bejn il-kolon u l-vaġina
Colpocystitis	Infjammazzjoni konġunta tal-bużżieqa tal-urina u tal-vaġina
Colpocystocele	Ftuq fil-muskoli tal-pelvi fejn tinżel il-bużżieqa tal-awrina fil-vaġina
Colporrhaphy	Tiswija kirurġika biex jissewwa il-muskolu dgħajjef tal-vaġina meta jirriżulta fi ftuq
Colposcope	Strument mdawwal u li jiggrandixxi użat minn ġinekologu biex jeżamina t-tessuti tal-vaġina u taċ-ċerviċi
Colposcopy	Kolposkopija [®2]; eżami ta' l-għonq ta' l-utru b'instrument li jkabbar
Colposuspension	Tiswija kirurġika biex jissaħħu l-muskoli dgħajfin li jservu ta' support għal-bużżieqa tal-urina
Colpotomy	Kolopotomija - operazzjoni fil-vaġina/ġuf [®2]
Complementary therapy	Terapija kumplimentari
Complete miscarriage	Korriment komplut; rimja [®6:p.73]
Complications	Komplikazzjonijiet
Conceive ovulation predictor	Kalkolatur biex tipprevedi l-ovulazzjoni
Conception	Konċepiment
Condition	Kondizzjoni
Condyloma [condylomata]	Felul
Congenital infections	Infezzjonijiet konġenitali
Conjoined twins	Tewmin identiċi magħqudin flimkien
Continence	Kontinenza
Contraception	Kontraċettiva
Contraceptive pill	Pillola kontraċettiva
Contraceptive sheath, condom	Kondom
Contractions	Kontrazzjonijiet
Controlled cord traction	Ħlas tas-sekonda magħmul b' trazzjoni kkontrollata fuq il-kurdun
Corpora cavernosa	Tessut fil-parti ġenitali maskili li jintela b'demm waqt l-att sesswali
Corpus luteal cyst	Ċesta li tifforma wara l-ovulazzjoni
Corpus luteal dysfunction	Disfunzzjoni tal-għanqud tal-bajd fit-tieni parti taċ-ċirku tal-mara fejn il-livell ta' proġesteron jibqa baxx
Corticosteroids	Kortikosterojdi
Cretin	Kretin; Persuna b'kondizzjoni konġenitali kkawżata minn defiċjenza tal-ormoni tat-tirojde
Cribriform hymen	Anormalitá tal-membrana li ddawwar l-ftuħ vaġinali esterna b'numru ta perforazzjonijiet żgħar

Crown-rump length [CRL]	Kejl tat-tul tal-fetu mir-ras sal-warrani meħud f'ewwel tlett xhur tat-tqala
Crown-heel length [CHL]	Kejl tat-tul komplut tal-fetu meħud f'ewwel tlett xhur tat-tqala
Cryocauterization	Teqred tessut b' applikazzjoni ta' kesħa kbira
Cryptorchidism	Kundizzjoni fejn testikola tibqa fiż-żaqq jew fil-kanal ingwinali
Culdocentesis	Estrazzjoni permezz ta' labra ta' fluwidu miż-żaqq meħud mill-linja ta' l-għonq ta' l-utru u l-vaġina
Culdoscopy	Endoskopija magħmula b'qasma fil-linja ta' l-għonq ta' l-utru u l-vaġina
Curettage	Raxkament; brix ta' l-inforra ta' l-utru
Cyst	Ċesta; kavita li tagħlaq korpi riproduttivi [®3:p.547]
Cystadenocarcinoma	Tumur malinn [kanċer] li jifforma ċesti
Cystadenoma	Tumur mhux malinn li jifforma ċesti
Cystitis	Ċistite; infezzjoni tal-bużżieqa tal-urina

D

D&C-Dilation and Curettage	Raxkament, tindif ta' l-utru
Dead foetus syndrome	Fetu mejjet fil-ġuf
Debulking	Tnaqqis fil-volum ta' tumur malin waqt kirurġija
Decidua	Inforra ta' l-utru li turi tibdil mikroskopiku li jissuġerixxu tqala
Deep vein thrombosis [DVT]	Torombżii tal-vini fondi
Delayed [missed, silent] miscarriage	Korriment li ma jippreżentax b'mod kliniku imma jinstab waqt vista tat-tqala normali
Delivery	Ħlas
Dermoid cyst	Tumur normalment fl-ovarji li jkopri kull tip ta' tessuti inkluż xagħar
DES [diethylstilbestrol]	Forma sintetika ta' estroġenu
Desquamative inflammatory vaginitis	Infezzjoni qawwija fil-vaġina karratterizzata minn tisfija, irritazzjoni, u uġigħ ma l-att sesswali
Diabetes	Dijabete
Diagnosis	Djanjożi
Dicephalus	Tewmin konġunti b'żewġt irjus u ġisem wieħed
Dichorionic-diamniotic	Jirreferri għan-numru ta' saffi tal-membrani li jiffurmaw il-borża tat-tqala fi tqala tewmija [stat li jista jippartjeni għat-tewmin identiċi jew fraterni]
Dilatation	Dilattazzjoni
Diplopagus	Tewmin konġunti żviluppati ugwalment
Discharge letter	Ittra klinika mogħtija lil pazjenta wara li tiġi rilaxxata mill-isptar
Disease	Mard
Dispermic conception	Konċepiment li jinvolvi id-daħla ta' żewġ spermatożoa f'bajda waħda
Disperse placenta	Plaċenta li fiha l-arterji umbilikali jinqasmu f'żewġ partijiet qabel jidħlu fis-sustanza tal-plaċenta
Distal tubal disease	Mard tat-tubu ta' l-utru [ta' Fallopju]
Dizygotic [diovular] twin	Tewmin fraterni iffurmati minn żewġ bajdiet separati
Donor insemination	Inseminazzjoni tal-mara minn donatur raġel
Doppler auscultation [foetal]	Smiegħ tat-taħbit ta' qalb it-tarbija fil-ġuf b' użu ta' makkinarju apposta
Doughnut [ring] pessary	Ħolqa - poġġuta fil-vaġina biex tappoġġa l-organi tal-pelvi
Dysfunctional uterine bleeding [DUB]	Fsada mill-utru anormali; mestrwazzjoni eċċessiva

Dysmenorrhea	Uġigħ sever fl-utru waqt il-mestrwazzjoni
Dysontogenesis	Żvilupp embrijoniku difettuż
Dyspareunia	Uġigħ waqt l-att sesswali minħabba kawża medika jew psikologika
Dysplasia	Żvilupp ta' ċelluli anormali
Dystocia	Distoċja; diffikulta jew tul fit-twelid [®2]
Dystocia-dystrophia syndrome	Diffikulta fil-proċess tat-twelid riżultat ta' pelvi dejjaq
Dysuria	Uġigħ fil-passaġġ ta' l-awrina

E

Early decelerations	Tnaqqis temporanju fir-rata tal-qalb tat-tarbija li jikkonċidi mal-bidu ta' kontrazzjoni tal-utru
Early labour	Ħlas bikri
Early miscarriage	Korriment kmieni
Early Pregnancy Assessment Unit	Unitá ta' valutazzjoni fil-bidu tat-tqala
Endocervical curettage	Raxkamet ta' l-inforra mukuża ta' l-għonq ta' l-utru
Eclampsia	Kumplikazzjoni akuta ikkaratterizzata minn pressjoni għolja, nefħa ġenerali, u eċċezzjonijiet
Ectoderm	Is-saff ta barra tal-bidu tal-embriju
Ectopic pregnancy	Tqala ektopika; tqala barra minn posta fil-ġuf
Ectopic ureter	Ureteru żviluppat barra minn postu
Estimated date of delivery [EDD]	Id-data kkalkulata meta it-tarbija mistennija għandha titwieled
Edema	Nefħa ikkawżata mill-fluwidu fil-ġisem
Electronic fetal monitoring [EFM]	Monitoraġġ elettroniku tal-fetu
Estimated fetal weight [EFW]	Piż kkalkulat tal-fetu
Estimated gestational age [EGA]	Iż-żmien tat-tqala kkalkulat
Egg activation	Preparazzjoni tal-iżvilupp tal-bajd
Egg cell	Ċelluli riproduttivi femminili
Egg membrane	Membrana tal-bajd
Eight-cell embryo	Embrijonita' tmien ċelluli
Elderly primigravida	Mara l' fuq minn 34 sena li toħroġ tqila għall-ewwel darba
Embryo	Embriju
Embryo intrafallopian transfer [EIFT]	Riproduzzjoni assistita in vitro fejn l-embrijuni jiġu ttrasferiti fit-tubu ta' Fallopju
Embryogenesis	Proċess fejn l-embrijuni jiġu ffurmati u żviluppati f' fetu
Embryography	Deskrizzjoni xjentifika tal-fetu
Embryology	Xjenza dwar l-iżvilupp tal-embrijuni mill-fertilizzazzjoni tal-bajda għall-istadju tal-fetu
Embryonal sarcoma	Sarkoma primitiva; tumur malinn li jinvolvi iċ-ċelluli primitivi li jorbtu t-tessuti
Embryonic phase	Il-fażi embrijonika ta' l-iżvilupp tal-fetu
Embryonic sac	Il-borża mimlija bil-fluwidu fejn l-embrijuni jiżviluppaw

Embryonization	Il-proċess li wassal għall-forma embrijonika
Embryopathy	Embrijopatija; stat patoloġiku tal-ħliqa li qed tifforma fil-ġuf [®2]
Embryoplastic	Relatati ma jew tgħin fil-forma tal-embrijuni
Embryoscopy	Eżaminazzjoni tal-embrijuni permezz ta' inserzjoni ta' strument li jdawwal mill-utru
Endometrial curettage [EMC]	Raxkament tal-inforra ta' l-utru
Emergency caesarean delivery	Ċeżarja urġenti
Emesis	Tirremetti
En caul delivery	Ħlas tat-tarbija li tinkludi magħha parti mill-membrana li dawwar it-tqala fil-ġuf
Enceinte	Inċinta; mara tqila [®2]
Endocervical mucosa	Mukoża tal-għonq tal-utru
Endocervical polyp	Qarnita fl-għonq tal-utru
Endocervical sampling	Teħid ta kampjuni endoċervikali
Endoċerviċitis	Infjammazzjoni li tinfetta l-endometriju tal-kanal tal-għonq tal-utru
Endoclip	Apparat metalliku użat fl-endoskopija biex jagħlaq żewġ uċuh mukożali mingħajr il-bzonn ta' kirurġija u sutura
Endocrine gland	Glandola endokrinali
Endometrial ablator	Proċedura medika li hija użata biex tnehhi l-kisja tal-endometriju fl-utru tal-mara
Endometrial biopsy	Bijopsija endometrijali
Endometrial intraepithelial neoplasia	Tibdil fl-inforra tal-utru li jista maż- żmien isir kankru
Endometrial polyp	Qarnita tal-inforra ta' l-utru; polipi fl-endometriju
Endometrial sarcomas	Sarkomi fl-endometriju; tumur malinn li jinvolvi iċ-ċelluli li jorbtu t-tessuti fl-inforra ta' l-utru
Endometrioid carcinoma	Tumur malinn li jixbaħ it-tessut epiteljali ta' l-inforra ta' l-utru
Endometriosis	Żvilupp ta' l-inforra ta' l-utru barra minn posta
Endometritis	Infjammazjoni tal-endometriju [inforra ta' ġewwa tal-utru]
Endometrium	L- inforra ta' ġewwa tal-utru
Endovaġinal ultrasound	Ultrasawnd magħmul fil-vaġina
Enzyme	Proteini li jikkatalizzaw reazzjonijiet kimiċi
Epididymis	Il-kanal milwi bejn il-bajda tar-raġel u l-kanal vas deferens li jgħaddi għal barra [®2]
Epidural	Epidurali; loppju lokali li jingħata permezz ta' kateter mqiegħed fl-ispazju epidurali ta' l-ispina tad-dahar
Episiotomy	Tiċrita magħmula fil-fundament biex tkabbar il-vaġina u tassisti it-twelid

Erb's palsy	Trawma lin-nervituri li joħorġu mill-abt
erectile dysfunction	Disfunzjoni erettili; problemi fil-funzjoni tal-organu tar-raġel waqt l'att sesswali
Erythroblastosis fetalis	Fjakkezza serja fit-tarbija ikkaġunata minn anemija serja tat-tarbija fil-ġuf
Essential [primary] dysmenorrhea	Uġigħ mestrwali li jirriżulta minn disturb funzjonali
Estrogen [oestrogen]	Estroġenu
Estrogen breakthrough bleeding	Telf ta' demm irregolari waqt l-użu ta' l-ormon estroġenu
Estrogen deprivation	Privazzjoni estroġena; nuqqas ta' l-ormoni estroġena
Estrogen receptor	Ricettur sensitiv għal-ormoni estroġena
Estrogen replacement therapy [ERT]	Terapija bl-ormon estroġenu ġeneralment waqt l-menopawsa
Estrogen-induced prolactinoma	Tumur tal-glandola pitwitarja ikkaġunatta mil-użu tal-ormoni estroġena
Estrogen-progestin therapy	Terapija ta sostituzzjoni tal-ormoni femminili
Evidence-based medicine	Mediċina ipprattikata ibbażat fuq evidenza
Exenteration	Trattament kirurġiku radikali fejn jitneħħew l-organi kollha mill-kavita tal-pelvi
Expectant management	Kura ta' osservazzjoni
Extended or frank breech	Preżentazzjoni tat-tarbija mill-warrani
External cephalic version [ECV]	Tidwir manwali tat-tarbija fil-ġuf minn preżentazzjoni mill-warrani għal preżentazzjoni mir-ras
External fetal monitoring	Monitoraġġ estern tal-fetu
External ġenitalia	L-organi riproduttivi esterni tal-ġisem
Extrauterine pregnancy	Tqala li tiżviluppa barra mill-ġuf ġeneralment fit-tubu ta' Fallopju jew l-għanqud tal-bajd

F

Fallopian Tubes	Tubi ta' Fallopju; tubi ta' l-utru
False labor [spurious labour]	Allarm falz tal-bidu tal-ħlas
False pregnancy [phantom pregnancy]	Tqala fantasma fejn il-mara jkollha is-sintomi tat-tqala mingħajr ma tkun tqila
Fecundation	Il-proċess tal-fertilizzazzjoni
Fecundity	Abbilita li tirriproduċi
Female genital mutilation [FGM]	Mutilazzjoni ġenitali femminili
Femur	Wirk; l-għadma tal-koxxa
Ferning	Dehra ta' felċi f' kampjun ta mukus ċervikali meta jinxef
Fertilisation	Fertilizzazzjoni; fekundazzjoni [®6:p.73]
Fertility	Fertilitá
Fertility drugs	Mediċini li jgħinu l-fertilitá
Fertility problem	Problema tal-fertilitá
Fertilizable life span	Iz-żmien li wieħed jkun fertili
Fetal acid-base balance	Bilanc ta' aċċiditá fid-demm tal-fetu
Fetal age	L-etá tal-fetu
Fetal alcohol syndrome [FAS]	Sindromu tal-fetu li jirriżulta mill-użu ta' l-alkoħol matul it-tqala
Fetal biparietal diameter	Id-dijametru tar-ras tat-tarbija fil-ġuf
Fetal descent	Progress l-isfel tat-tarbija waqt it-twelid
Fetal distress	Tarbija fil-ġuf fil-periklu
Fetal dystocia	Daqs jew pożizzjoni tal-fetu anormali li tirriżulta fi ħlas diffiċli
Fetal heart rate [FHR]	Rata tal-qalb tal-fetu
Fetal heart rate decelerations	Deċelerazzjonijiet tar-rata tal-qalb tal-fetu
Fetal hypoxia	Nuqqas ta' ossiġnu mogħti lill-fetu
Fetal lung maturity	Maturita' tal-pulmun tal-fetu
Fetal macrosomia	Tarbija tat-twelid ta' daqs eċċessiv ġeneralment iżjed minn 4 kilogrammi
Fetal monitoring	Monitoraġġ tal-tarbija fil-ġuf
Fetal movements	Movimenti tat-tarbija fil-ġuf
Fetal position	Pożizzjoni tal-fetu
Fetal resorption	Assorbiment tal-fetu
Fetal scalp electrode	Instrument li jitwaħħal ma ras it-tarbija fil-ġuf waqt il-ħass biex isseħħ monitoraġġ tal-qalb
Fetal skin sampling	Teħid ta kampjun ta' ġilda tal-fetu

Fetal souffle	Il-ħoss tad-demm għaddej mill-plaċenta li jikkorespondi għar-rata tal-qalb tal-fetu
Fetal tachycardia	Rata tal-qalb tal-fetu mgħaġġla ġeneralment izjed minn 160 fil-minuta
Fetal varicella syndrome [FVS]	Sindromu li jirriżulta meta il-fetu jiġi infettat bil-ġidri r-rih
Fetal viability	L-abbilita' tal-fetu ta' kemm jista jgħix barra l-utru
Fetal well-being	Il-benesseri tal-fetu
Fetal-maternal exchange	Tqassim ta' sustanzi bejn l-omm u t-tarbija fil-ġuf
Fetal-pelvic index	Indiċi li jkejjel ir-relazzjoni tal-fetu u l-pelvi
Fetology	Studju tal-fetu fl-utru
Fetomaternal hemorrhage [transfusion]	Id-dħul tad-demm tal-fetu fiċ-ċirkolazzjoni maternali qabel jew waqt il-ħlas
Fetoplacenta anasarca	Nefħa tal-fetu u l-plaċenta waqt it tqala
Fetoplacental	Li jappartjenu għall-fetu u l-plaċenta
Fetoscopy	Proċedura endoskopika waqt it-tqala li tħalli aċċess għall-fetu, l-kavita tal-borqom, l-kurdun taż-żokra, u l-ġenb tal-fetu tal-plaċenta
Fetus	Fetu; tarbija fil-ġuf
Fetus papyraceous	Fetu mejjet mgħaffeg f'sitwazzjoni ta' tqala tewmija li tkompli
Fibroadenoma	Tumur ibes mhux malinn ġeneralment jinstab fis-sider
Fibrocystic breast disease	Ċisti fil-glandoli tas-sider
Fibroids	Fibromi; tumuri beninni fl-utru
Fimbriae	Is-swaba' fit-tarf tat-Tubu ta' Fallopju fid-direzzjoni tal-ovarju
First degree tear	Tiċrita tal-fundament superfiċjali
Flea	Bergħud [plural – Briegħed]
Flexed breech position	Preżentazzjoni taż-żewġ saqajn tat-tarbija
Folic acid	Vitamina folik
Follicle	Follikulu; il-bajda tal-mara
Follicle stimulating hormone [FSH]	Ormon li jistimula il-produzzjoni tal-bajda jew sperma
Follicular cyst	Ċisti follikulari
Footling breech	Preżentazzjoni mis-sieq tat-tarbija
Forceps	Għodda biex tassisti l-ħlas; forbċi; furċetta [®6:p.73]
Forceps delivery	Ħlas bil-forbċi, ħlas bl-użu ta' għodda [®6:p.45]
Foreskin	Ġarretta [®3:p.126]
Fornix of vaġina	Id-daħla annulari fil-vaġina madwar l-għonq ta' l-utru
Fourth degree tear	Tiċrita tal-fundament li jinvolvi il-musrana
Fundal height	L-għoli tal-utru matul it-tqala
Fundus of uterus	Il-parti ta' fuq tal-utru
Funic presentation	Preżentazzjoni tal-kurdun qabel it-tarbija fil-ġuf

G

Galactocele	Tumur ċistiku mimli bil-ħalib fis-sider
Galactogram	Mammografija li jsir wara l-injezzjoni mill-beżżula ta' materjal gol-kanal tas-sider
Galactophoritis	Infjammazzjoni fil-kanal tal-ħalib tas-sider
Galactorrhea	Produzzjoni ta' ħalib mhux assoċjat mat-twelid
Gamete	Ċelluli riproduttivi
Gammaglobulin [IgG]	Proteina fid-demm li tifforma biex tipproteġi kontra mard ġeneralment infettiv
Gastroenteritis	Gastronterite
Gastrointestinal	Intern li japparteni għal l-istonku u l-imsaren
Gemellary pregnancy	Tqala tewmija
Gemellipara	Mara li welldet tewmin
Gene	Unita ereditarja li tikkonsisti f'sekwenza ta DNA u li tokkupa post speċifiku fuq kromożomi
Genetic	Ġenetika
Genetic counselling	Konsulenza ġenetika
Genital herpes	Ħżież ġenitali ikkawżata mill-'herpes simplex virus' tip 1
Genital warts	Felul ġenitali kkawżati mill-HPV
Ġenitalia	L-organi riproduttivi maskili u femminili
Genitourinary system	Is-sistema ta' l-organi riproduttivi u urinarja
Genotype	Kostituzzjoni ġenetika
Genu-pectoral posture	Qagħda fuq is-sider u l-irkubbtejn waqt ħlas biex il-ġewwieni jinżel lejn is-sider u l-ġuf ma jkollux rassa tad-demm [®6:p.11]
Germ cell ovarian neoplasm	Tumur ovarju li jiżviluppa fiċ-ċelloli ġeminali
Gestation	Ġestazzjoni
Gestational age	Età Ġestizzjonali; it-tul ta' żmien li l-fetu kienet qed tiżviluppa fil-ġuf ta l-omm
Gestational diabetes mellitus	Dijabete tat-tqala
Gestational ring	Sinjal ta' ċirku abjad identifikat mill-ekosonografija fil-bidu bikri tat-tqala
Gestational sac	Borża fejn it-tarbija tiżviluppa fl-utru waqt it-tqala
Gestational trophoblastic disease [GTD]	Tumur tal-plaċenta
Gamete intrafallopian transfer [GIFT]	Teknika li fiha ic-ċelluli ġerminali maskili u femminili jiġu njettati fit-tubi ta' Fallopju biex jgħin il-fertilizzazzjoni
Glans of clitoris	Tessut erettili fit-tarf tal-klitoris

Glucose tolerance test [GTT]	Test biex tiċċekkja għad-dijabete
Gonadotrophins	Ormon pitwitarji li jistimula il-funzjoni tat-testikoli u l-ovarji
Gonorrhea culture	Test għall-infezzjoni pixxikalda trasmessa sesswalment
Gonorrheal ċerviċitis	Pixxikalda ta' l-għonq ta' l-utru
Gonorrheal salpingitis	Pixxikalda tat-tubi ta' Falopju
Gonorrhoea	Pixxikalda; gonorrea; marda venerea [®3:p.93, 663]
Graafian follicle	Follikulu fl-ovarju
Graduated elastic compression stocking	Tip ta' kalzetti għall-prevenzjoni ta trombożi
Grand multipara	Mara li welldet aktar minn erbat itfal
Gravid	Tqila; ħobbla [®2]
Gravidity	In-numru ta' drabi li mara kienet tqila
Groin	Il-parti bejn l-addome u l-koxxox
Group B streptococcus [GBS]	Infezzjoni bil-mikrobu streptokokkus tip B
Guideline	Gwida
Gynaecoid type	Pelvi tipkament jinstab fin-nisa; pelvi femminili
Gynaecologist	Ġinekologu
Gynaecology	Ġinekologija
Gynaecomastia	Ġinekomastija; kobor jew żvilupp zejjed tas-sider tar-raġel [®2]
Gynandroblastoma	Tumur ovarju li jiżviluppa fit-tessut supportiv li minnu joħrog ormoni femminili u/jew maskili
Gynopathy	Kull marda singulari fin-nisa

H

Habitual aborter	Mara li kellha numru tal-korrimenti rikurrenti
Haematologist	Speċjalisti li għandhom x'jaqsmu mal-identifikazzjoni u djanjożi relatati mal-kundizzjonijiet fid-demm
Haemolysis	Emoliżi
aemorrhage	Emorraġija
Haemorrhagic disease of the newborn	Tendenza ta' emorraġija f'tarbija tat-twelid marbuta ma defiċjenza ta' vitamina K
Harlequin fetus	Karatterizzata minn tħaxxin profond tas-saff ta' keratin fil-ġilda tal-fetu
Human Chorionic Gonadotropin [HCG]	Ormon prodott mis-sekonda biex jgħin imantini tqala
Health Centre	Ċentru tas-Saħħa; Ċentru Sanitarju [®3:p.685]
HELLP syndrome	Kumplikazzjoni assoċjata mal pressjoni għolja fit-tqala
Hemiuterus	Malformazzjoni tal-utru fejn nofs l-utru biss jiżviluppa
Hemivulvectomy	Tneħħija kirurġika ta' nofs il-vulva
Heparin	Eparina
Herpes	Ħżieża
Heterosexual	Eterosesswali [®2]
Heterotopic pregnancy	Tqala tewmija fejn waħda hija ektopika u waħda fil-ġuf
High-grade squamous intraepithelial lesion [HGSIL]	Dehera mikorskopika ta' struttura ċellulari serjament anormali fl-għonq ta' l-utru
High Dependency Unit [HDU]	Taqsima Kura Dependenti
High forceps delivery	Ħlas bil-forbċi twal fejn ras it-tarbija hija l-fuq tal-pelvi
Highly active antiretroviral therapy [HAART or ART]	Kura intensiva kontra infezzjoni bil-virus [normalment kontra l-HIV]
High-risk pregnancy	Tqala b'riskju għoli
Hirsutism	Xagħar eċċessiv fuq il-bniedem f'partijiet fejn normalment ma jikbirx
Histology	Istoloġija
Honeymoon cystitis	Infezzjoni batterjali li tista taffettwa lin-nisa wara kopulazzjoni sesswali frekwenti u prolungata
Hormone replacement therapy [HRT]	Terapija ta' sostituzzjoni tal-ormon normalment jirriferi għal kura fil-menopawsa
Hormone treatment	Kura bil-ormoni
Hormones	Ormoni
Horseshoe placenta	Plaċenta kbira li hi ta' forma ta' nagħla preżenti fi tqala ta' tewmin

Hot flushes	Fwawar
Hourglass uterus	Kontrazzjoni persistenti li jseħħ waqt il-ħlas f' segment tal-fibri muskolari ċirkolari tal-utru
Human Papilloma Virus [HPV]	Virus li hu kawża ta' felul
Human immunodeficiency virus [HIV]	Virus immunodefiċjenti tal-bniedem - kundizzjoni fil-bniedem fejn is-sistema immunitarja tibda tonqos u twassal għal infezzjonijiet li jistgħu ikunu ta' periklu għal ħajja
HUMI uterine manipulator-injector	Manipulatur tal-utru li jista jintuża biex wieħed jinjetta sustanza fl-utru
Hyaline membrane disease	Ibbusija fil-pulmun ta' tarbija reċentament imwielda [normalment prematura]
Hydatid mole	Tkabbir jew massa rari li tifforma fl-utru fil-bidu tat-tqala
Hydatid pregnancy	Il-preżenza ta' massa jew tkabbir rari li jifforma fl-utru fil-bidu tat-tqala
Hydatidiform mole [see gestational trophoblastic disease]	Tumur tal-plaċenta
Hydramnion [see polyhydramnios]	Eċċess ta' fluwidu tal-borqom
Hydronephrosis	Nefħa u twessiegħ tal-pelvi renali u komponent strutturali tal-kliewi
Hydrops fetalis	Nefħa bl-ilma tal-fetu
Hydrops ovarii	Akkumulazzjoni ta' fluwidu fl-ovarji
Hydrops tubae profluens	Akkumulazzjoni ta' fluwidu fit-tubu ta' Fallopju
Hydrorrhea gravidarum	Tisfija qawwija fil-vaġina waqt it-tqala
Hymen	Il-membrana jdawwar il-fetħa vaġinali esterna
Hyperechoic endometrium	Inforra ta' l-utru b'derha qawwija fuq l-ultrasawnd
Hyperemesis gravidarum	Dardir jew remettar b'forma eċċessiva waqt it-tqala
Hyperemesis lactentium	Kondizzjoni ta' remettar eċċessiv mit-trabi
Hypergonadotropic amenorrhea	Nuqqas ta' mestrwazzjoni minħabba livelli ta' ormoni pitwitarji għoljin
Hypermenorrhea	Telf mestrwali fit-tul fuq bażi regolari
Hyperprolactinaemia	Livel għoli ta' proclatin fid-demm
Hypertension	Pressjoni għolja
Hypertrophy	Ipertrofija; tkabbir ta' organu jew tessut ikkaġunat minn tkabbir ta' celloli [®3:p.704]
Hypomenorrhea	Telf mestrwali baxx ħafna
Hypotension	Pressjoni baxxa
Hypotonic myometrium	Attivitá battuta tal-muskolu ta' l-utru
Hypotonic uterine dysfunction	Disfunzjoni fl-utru waqt il-proċess tal-ħlas li jseħħ riżultat ta' attivitá battuta tal-muskolu ta' l-utru

Hysterectomy	Isterektomija; tneħħija kirrurġika ta' l-utru
Hysterogram	Ritratt bl-xrays ta' l-utru
Hysteropexy	Fissazzjoni kirurġika tal-utru spostat
Hysterorrhaphy	Sutura tal-utru
Hysterorrhexis	Qsim tal-utru
Hysterosalpingo-contrast-sonography	Test bl-użu ta' l-utrasawnd fejn jiġi evalwat jekk it-tubi ta' Fallopju humiex miftuħa
Hysterosalpingogram [HSG]	Xray ta' l-utru u tubi ta' Fallopju wara injezzjoni ta' kimika apposta
Hysterosalpingography	Proċedura fejn jiġi meħud ritratt bl-xray tal-utru u tubi ta' Fallopju
Hysterosalpingo-oophorectomy	Qtugħ kirurgu tal-utru, t-tubi ta' Fallopju u l-ovarji
Hysteroscopy	Isteroskopija; spezzjoni tal-utru bl-endoskopija b'aċċess minn naħa taċ-ċerviċi
Hysterotomy	Inċizzjoni fl-utru

I

Iatrogenic	Ikkaġunat riżultat ta' intervent mediku
Icterus neonatorum	Suffejra fit-trabi tat-twelid
Ilium	Ilju; l-għadma li tifforma l-parti ta' fuq tal-pelvi [®3:p.708]
Immune system	Sistema immunitarja
Immunity	Immunitá
Immunologic pregnancy test	Test għat-tqala magħmul fuq l-awrina
Immunotherapy	Immunoterapija; trattament ta' mard li jinduċi, itejjeb jew jissopressa ir-rispons immunitarji
Impetigo herpetiformis	Kundizzjoni fil-ġilda li tibda fit-tqala
Implantation	Impjantazzjoni
In utero	Fil-ġuf; qabel it-twelid [®2]
In vitro fertilisation [IVF]	Fertilizazzjoni artifiċjali fejn il-bajda femminili tiġi maqgħuda mal-isperma maskili ġewwa t- tubu
Incompetent cervix	Ċerviċi inkompetenti; dgħjufija ta' l-għonq ta' l-utru
Incomplete abortion [miscarriage]	Korriment inkomplet
Incontinence	Inkontinenza
Incubator	Inkubatur
Incudiform [anvil-type] uterus	Utru b'forma ta' inkwina
Indifferent ġenitalia	Organi riproduttivi tal-embriju qabel il-formazzjoni ta' sess definittiv
Induced abortion	Abort intenzjonali; terminizzazzjoni tat-tqala intenzjonali
Induced labor	Ħlas mibdi b'mod artifiċjali
Induction of labour	Metodu artifiċjali biex jibda l-ħlas
Infant mortality rate	Rata ta' mortalita tat-tfal taħt is-sena
Infanticide	Infantiċidju; il-qtil ta' tarbija
Infectious	Infettiv
Infertile	Infertili; sterili; Ħawli; mhux għammiel [®3:p.720]
Infertility	Infertilitá
Infundibulopelvic ligament	Ligament tal-ovarju sospensiv
Infundibulum of uterine tube	Il-parti b'forma ta' lembut tat-tubu tal-utru
Inhibin	Ormon testikulari
Intact membranes	Membrani tat-tqala intatti
Intensive Care Unit	Taqsima Kura Intensiva

Intercourse	Kopulazzjoni; l-att sesswali
Interstitial cystitis	Ċistite interstizjali; infezzjoni tal-bużżieqa tal-urina
Interstitial fibroid	Fibroma fil-muskolu tal-utru
Interstitial mastitis	Infjammazzjoni tat-tessuti konnetivi tas-sider
Intertuberous diameter	Dimensjoni tal-iżbokk tal-pelvi
Intra-amniotic infection	Infezzjoni tal-fluwidu tal-borża tat-tqala [borqom]
Intracervical tent	Tinda li titpoġġa fil-għonq ta' l-utru
Intracytoplasmic sperm injection [ICSI]	Injezzjoni artifiċjali ta' l-isperma ġewwa l-bajda
Intraductal carcinoma	Kankru fil-kanali tas-sider
Intraepithelial cervical dysplasia	Dehera mikorskopika ta' struttura ċellulari anormali fl-għonq ta' l-utru
Intraepithelial endometrial cancer	Dehera mikorskopika ta' struttura ċellulari anormali fl-inforra ta' l-utru
Intrapartum	Il-perjodu waqt il-ħlas tat-tarbija u s-sekonda [plaċenta]
Intrapartum care	Kura waqt il-ħlas
Intrapartum haemorrhage	Emorragija waqt il-ħlas
Intra-uterine	Ġewwa l-utru [®2]
Intrauterine adhesions	Twaħħil fil-inforra tal-ġuf
Intrauterine contraceptive device [IUCD]	Sistema kontraċettiva poġġutta fl-utru
Intrauterine death	Mewt tat-tarbija fil-ġuf
Intrauterine growth retardation	Tkabbir ristrett tal-fetu fil-ġuf
Intrauterine hypoxia	Nuqqas ta' ossiġnu lit-tarbija fil-ġuf
Intrauterine insemination [IUI]	Inseminazzjoni fejn l-isperma tiġi poġġuta dirett fl-utru
Intrauterine system [IUS]	Sistema poġġuta fil-ġuf
Intravenous drip [IV drip]	Dripp ġol-vini
Inverted nipple	Beżżula maqluba lura fis-sider
Involution	Tnaqqis fid-daqs ta' l-utru wara t-twelid
Irritable bowel syndrome [IBS]	Kundizzjoni ta' musrana irritabli
Intrauterine growth restriction [IUGR]	Restrizzjoni ta' tkabbir tat-tarbija fil-ġuf
In vitro fertilization-embryo transfer [IVF-ET]	Fertilizzazzjoni in vitro u t-trasferiment tal-embriju fil-ġuf

J

Jogger's amenorrhea   Nuqqas ta' mestrwazzjoni riżultat ta' eżerċċizzju żejjed

K

Karyotype	In-numru u s-struttura mikroskopika tal-kromożomi
Karyotyping	Test li jeżamina il-kromożomi
Kegel exercises	Eżerċizzi biex issaħħaħ il-muskoli tal-fundament
Kidney	Kilwa [plural: kliewi]
Kleihauer-Betke test for fetal Hemoglobin	Test tad-demm li jkejjel l-ammont ta' emoglobina tal-fetu trasferita lil-omm waqt it tqala jew ħlas
KOH preparation	Testijiet għall-elementi fungali
Kyphotic pelvis	Pelvi dejjaq riżultat ta' kurvatura ħażina tas-sinsla

L

Labia	Ġenitali esterni fil-mara; ix-xuftejn tal-vulva; labjali [®3:p.220]
Labia minora	Ix-xuftejn iż-żgħar tal-vulva [®2]
Labia majora	Ix-xuftejn il-kbar tal-vulva [®2]
Labial agglutination	Adeżjoni tal-ġenitali esterni femminili
Labor augmentation	Awmentazzjoni tal-ħlas
Labor inhibition	Inibizzjoni tal-ħlas; twaqqif tal-proċess tal-ħlas
Labor initiation	Bidu tal-ħlas
Labour	Ħlas
Labour complications	Kumplikazzjonijiet waqt il-ħlas
Labour onset	Sinjali li l-ħlas wasal biex jibda
Labour pains	Uġigħ tal-ħlas
Lactalbumin	Protejina fil-ħalib tas-sider
Lactation	Treddigħ
Lactation amenorrhea	Nuqqas ta' mestrwazzjoni waqt it-treddigħ
Lactiferous ducts	Kanali li jagħtu għall-beżżula tas-sider
Lactogenesis	Produzzjoni tal-ħalib mill-glandoli tas-sider
Lactorrhea	Fluss eċċessiv tal-ħalib mis-sider
Laparo	Il-ħajt; l-ġnub taz-żaqq [®2]
Laparohysterectomy	Isterektomija addominali
Laparohysteropexy	Iffissar tal-utru mċaqlaq minn operazzjoni kirurġika magħmula miż-żaqq
Laparohysterotomy	Inċiżżjoni fl-utru mwettqa b'operazzjoni miż-żaqq
Laparomyomectomy	Tneħħija ta' fibroma mill-utru permezz ta' inċiżżjoni addominali
Laparosalpingectomy	Tneħħija ta' wieħed jew żewġ tubi ta' Fallopju permezz ta' inċiżżjoni addominali
Laparoscope	Laparoskopju; strument użat biex tittawal ġewwa il-kavitá taz-żaqq [®2]
Laparoscopic hysterectomy	Isterektomija magħmula b' użu tal-laparaskopju
Laparoscopic ovarian drilling/diathermy	Proċedura kirurga magħmula b' laparoskopju fejn wieħed jaħraq jew jtaqqab l-ovarji
Laparoscopic-assisted vaġinal hysterectomy	Isterektomija magħmula b' użu tal-laparaskopju waqt li l-utru jitneħħa mil-vaġina
Laparoscopy	Laparoskopija
Laparotomy	Laparatomija; ftuħ kirurgu taz-żaqq [®2]
Large-for-dates infant [large for gestational age foetus; LGA]	Tarbija kbira għall-ammont ta' żmien ikkalkulat

Large-for-dates uterus	Utru kbir għall-ammont ta' żmien ikkalkulat
Late decelerations	Tnaqqis fit-tul fir-rata tal-qalb tat-tarbija li jkompli wara t-tmiem ta' kontrazzjoni tal-utru
Latent phase of labor	Fażi latenti tal-ħlas; il-fażi bikrija tal-proċess tal-ħlas
Laxatives	Lassattivi
Loop electrosurgical excision procedure [LEEP]	Tneħħija ta' l-għonq ta' l-utru b'ħolqa imsaħħna apposta
Left mentoanterior position [LMA]	Pożizzjoni tat-tarbija fil-ġuf fejn ix-xedaq jipponta l-quddiem u x-xellug
Left mentotransverse position [LMT]	Pożizzjoni tat-tarbija fil-ġuf fejn ix-xedaq jipponta la ġenba u x-xellug
Left occipitoanterior position [LOA]	Pożizzjoni tat-tarbija fil-ġuf fejn il-warrani tar-ras jipponta l'quddiem u x-xellug
Left occipitoposterior position [LOP]	Pożizzjoni tat-tarbija fil-ġuf fejn il-warrani tar-ras jipponta l'ura u x-xellug
Left occipitotransverse position [LOT]	Pożizzjoni tat-tarbija fil-ġuf fejn il-warrani tar-ras jipponta la ġenba u x-xellug
Leiomyoma [leiomyomata]	Fibromi
Leiomyomatata uteri	Fibromi ta' l-utru
Leiomyosarcoma	Tumur malinn tat-tessut ta' utru
Letdown reflex	Reazzjoni li tagħti bidu għal produzzjoni tal-ħalib fis-sider
LGSIL [low-grade squamous intraepithelial lesion]	Dehera mikorskopika ta' struttura ċellulari minimalment anormali f' l-għonq ta' l-utru
Libido	Xewqa sesswali
Lice	Qamel; furrax [®4:p.166]
Lining	Rita ta' l-organi tal-ġisem [®2]
Lippes loop	Ħolqa magħmula mil-plastik li titpoġġa fil-ġuf għal kontraċezzjoni
Livebirth	Twelid ta' tarbija ħajja
Liveborn infant	Tarbija mwielda ħajja
Liver	Fwied
Lochia	Tnixxija vaġinali wara t-twelid
Lochiometra	Nefħa fl-utru minħabba li t-tnixxija mill-utru li tifforma wara t-twelid tibqa ġewwa
Lochiometritis	Infjammazzjoni fl-utru wara t-twelid
Low birth weight	Piż tat-twelid baxx ġeneralment that 2.5 kilogrammi
Low forceps delivery	Ħlas bil-forbċi twal fejn ras it-tarbija hija l-isfel nett tal-pelvi
Low placenta	Sekonda [plaċenta] imwaħħla fil-parti l' isfel ta' l-utru
Lower segment cesarean section [LSCS]	Ċeżarja fejn l-inċiżżjoni fl-utru issir fil-parti l-aktar baxxa wara l-bużżieqa ta' l-urina
Lumpectomy	Tneħħija ta' parti mis-sider minħabba kanċer

Lung	Pulmun
Lupus syndrome	Kundizzjoni fejn il-ġisem jipproduċi antikorpi kontra tiegħu innifsu
Luteinized unruptured follicle	Bajda li waqt li ma' nqatatx turi sinjali li l-ovulazzjoni saret
Luteinizing hormone [LH]	Ormon mill-glandola pitwitarja anterjuri li jiddetermina l-ovulazzjoni
Luteoma of pregnancy	Il-parti tal-ovarja li tibqa wara l-ovulazzjoni u li tmantni it-tqala f' l-ewwel ġimgħat

M

Macrosomia	Fetu akbar minn normali għall-eta ta' ġestazzjoni
Major placenta praevia	Is-sekonda [plaċenta] imwaħħla l-isfel nett ta' l-utru u li tgħatti l-għonq ta' l-utru
Malformation	Deformazzjoni; mankament; skerz [®3:p.74]
Malignant ovarian teratoma	Tumur malinn normalment fl-ovarji li jkopri kull tip ta' tessuti
Malodorous	Jinten; b'riħa tinten
Malposition	Pożizzjoni anormali
Malpresentation	Preżentazzjoni tal-fetu mhux idejali għal ħlas normali
Mammalgia	Uġigħ fis-sider
Mammaplasty	Kirurġija plastika fuq is-sider
Mammary	Mammarji; sider
Mammography	Mammografija; ritratt b'eksrays tas-sider
Manual removal of the placenta	Tneħħija manwali tal-plaċenta mill-utru
Mask of pregnancy	Pigmentazzjoni ta' kulur kanella fuq il-ħaddejn li tiżviluppa waqt it-tqala
Mastectomy	Mastektomija; tneħħija kirurġika tas-sider
Mastitis	Mastite; infezzjoni fis-sider [®4:p.335]
Mastodynia	Uġigħ fis-sider
Mastotomy	Inċiżżjoni fis-sider
Maternal	Maternali; li jappartjeni l-mara tqila
Maternal abdominal pressure	Pressjoni addominali maternali
Maternal antibodies	Antikorpi materni
Maternal cotyledon	Part mis-sekonda
Maternal hypertension	Pressjoni tat-tqala
Maternal Immunity	Immunita maternal
Maternal Infant bonding	L-għaqda psikoloġika bejn l-omm u t-tarbija tagħha
Maternal mortality	Mortalitá materna; mewt ta' mara tqila jew wara tqala
Maternal parvovirus fetalis	Infezzjoni tal-tarbija fil-ġuf mill-virus parvovarus mogħdija mill-omm
Maternal serum alpha-fetoprotein [MSAP]	Protejina primittiva li tintuża bħala screening għal certi malformazzjonijiet
Maternal-fetal histoincompatibility	Nuqqas ta' qbil fit-tessuti bejn l-omm u tarbija tagħha
Maternity	Maternitá
Mature ovarian teratoma [see demoid]	Tumur normalment fl-ovarji li jkopri kull tip ta' tessuti inkluż xagħar
Myoma of the uterus	Fibroma; tumur beninn tal-muskolu fil-ħajt tal-utru

McDonald cervical cerclage	Sutura [punt] madwar l-għonq ta' l-utru
Measles	Ħosba
Meconium	Mekonju; l-ewwel ippurgar tat-tarbija
Meconium-stained amniotic fluid	Ħmieg [mekonju] f' ilma madwar it-tarbija fil-ġuf
Meconium aspiration	Asspirazzjoni tal-mekonju mit-tarbija fil-ġuf
Medical abortion	Abort mediku
Mediolateral episiotomy	Inċiżżjoni kirurġika biex twessa l-fundament tal-perineum waqt il-ħlas
Menarche	L-ewwel mestrwazzjoni ta' mara
Mendelson's syndrome	Pnewmonite kimika kkawżati minn aspirazzjoni tal-aċidu ta' l-istonku waqt l-anesteżija
Menorrhagia	Mestrwazzjoni prolongata f'intervalli regolari
Meningitis	Meninġite
Menometrorrhagia	Menstrwazzjoni prolongata f'intervalli irregolari u frekwenti
Menopause	Menopawsa; il-waqfa tal-mestrwazzjoni
Menorrhea	Demm mestrwali
Menses [menstruation]	Mestrwazzjoni [®2]
Menstrual cycle	Ċiklu mestrwali
Menstrual cycle induction	Induzzjoni ta' ċiklu mestrwali
Mentoanterior position	Pożizzjoni tat-tarbija fil-ġuf fejn ix-xedaq jipponta l-quddiem
Mentor	Prattikant b'esperjenza li jgħin jew jiggwida l-istudent
Mesovarium	Porzjon ta' l-ligament miegħsa tal-utru li jkopri l-ovarji
Meta-analysis	Kombinazzjoni ta' riżultati ta' diversi studji li jindirizzaw sett ta' ipoteżijiet relatati ma riċerka
Metastatic tumours	Kanċer li nfirex
Metformin	Mediċina metformin [użata biex tikkontrolla id-dijabete jew il-PCOS]
Metrorrhea	Telf ta' demm mhux normali mil-utru
Metrorrhexis metrorrhagia	Telf ta' demm mill-utru mhumiex assoċjati mal-mestrwazzjoni
Metrosalpingitis	Infjamazzjoni tal-utru u it-tubi ta' Fallopju
Metrosalpingography	Proċedura radjologika li tinvestiga l-utru it-tubi ta' Fallopju
Metrostaxis	Telf ta' demm mill-utru ħafif imma persistenti
Microsomia	Daqs tal-ġisem żgħir iżjed milli wieħed jistenna jew jikkalkula
Micturition	Awrina
Midtrimester	It-tieni tlett xhur tat-tqala
Midwife	Qabla, majjistra
Milia neonatorum	Kondizzjoni tal-ġilda karatterizzata minn ċisti li jitilgħu fuq wiċċ ta' tarbija

Minimal cervical dysplasia	Dehera mikorskopika ta' struttura ċellulari minimalment anormali fl-għonq ta' l-utru
Miscarriage [see abortion]	Korriment; rimi; abort
Missed abortion	Żamma fl-utru ta' fetu mejjet fl-ewwel xhur tat-tqala
Mittelschmerz	Uġigħ fiż-żmien ta' l-ovulazzjoni
Molar pregnancy	Mola; tumur tal-plaċenta
Molding of head	Iffurmar tar-ras it-tarbija biex tgħaddi mill-pelvi tal-omm
Monoamniotic twins	Tewmin identiċi li qasmu l-istess borża fi ħdan l-utru tal-omm
Monochorial twins	Tewmin li jiżviluppaw minn bajda waħda
Monochorionic diamniotic placenta	Tqala tewmija żviluppata minn bajda waħda li għandha żewġt borqom
Monochorionic monoamniotic placenta	Tqala tewmija żviluppata minn bajda waħda li għandha borqom wieħed
Monoovular twins	Tewmin identiċi żviluppati minn bajda waħda
Monozygosity	Derivati minn bajda waħda
Monozygotic twins	Tewmin derivati minn bajda waħda
Mons pubis [mons veneris]	Tessut xaħmi fiż-żona frontali ġenitali
Morsus diaboli	Tmiem tat-tubu tal-utru; il-għidma tax-xitan [®1:p.23]
Morula	Embriju fi stadju bikri ta' żvilupp embrijoniku
Mucinous cystadenocarcinoma	Tumuri malinni li jipproduċi ċesti mimlijin bi fluwidu magħqud
Mucorrhea	Tisfija eċċessiva ta' mukus mil-għonq ta' l-utru
Multigravida	Mara li kellha iżjed minn tqala waħda
Multipara	Mara li weldet iżjed minn tarbija waħda
Multiple pregancy	Ġestazzjoni multipla; tqala tewmija
Musculoskeletal	Muskolari skeltrali
Myomectomy	Tneħħija ta' fibrojdi mill-utru
Myometrium	Il-muskolu li jifforma l-utru

N

Naegele's gestational calculation	Mod ta' kalkolu tad-data dovuta għat-tqala
Naevus	Marka tat-twelid ikkawżata minn żona żgħira ta' demm kapillari dilatat fuq il-ġilda
Nausea gravidarum	Dardir fil-bidu tat-tqala
Needle aspiration	Bijopsija b'użu ta' labra
Neonatal	Trabija li għadha kemm twieldet [®2]
Neonatal breathing	Nifs tat-tarbija tat-twelid
Neonatal Jaundice	Suffejra f'tarbija tat-twelid
Neonatal resuscitation	Risuxxitazzjoni ta' tarbija
Neonatal thermoregulation	Kontroll ta' temperatura tal-ġisem tat-tarbija
Neonatalologist	Tabib li jieħu ħsieb trabi tat-twelid
Neural tube defect [NTD]	Difett fit-tubu newrali
Nitrazine test	Test li juri jekk hemmx taqtir tal-fluwidu tal-borqom
Normal vaġinal discharge	Tisfija normali
Nuchal fold screening	Kejl ta' l-għonq il-fetu b'ultrasawnd li jsir f'ewwel tlett xhur tat-tqala assoċjat ma' Downs
Nulligravida	Mara li qatt ma kella tqala
Nulliparous	Mara li qatt ma kellha tfal
Nursery	Kamra tat-trabi jew tfal żgħar

O

Obstetrician	Ostetriku; speċjalistá tat-tqala
Obstetrics	Ostetriċja; speċjalistá li tirrigwarda il-mara tqila
Occipitoanterior [OA]	Pożizzjoni tat-tarbija fil-ġuf fejn il-warrani tar-ras jipponta l-quddiem
Occipitoposterior [OP]	Pożizzjoni tat-tarbija fil-ġuf fejn il-warrani tar-ras jipponta lura
Occipitotransverse [OT]	Pożizzjoni tat-tarbija fil-ġuf fejn il-warrani tar-ras jipponta la ġenba
Occiput	Il-warrani tar-ras [®6:p.73]
Oedema	Edima; akkumulazzjoni ta' fluwidu anormali
Oestrogen	Estroġenu
Oligohydramnios	Defiċjenza ta' l-ilma madwar it-tarbija fil-ġuf
Oligomenorrhea	Mestrwazzjoni mhux frekwenti
Omentum	Mendil; ix-xibka rqiqa mdendla mill-istonku [®4:p.343]
Oocyte	Ooċit; Il-bajda immatura f'ovarju [®2]
Oocyte donation	Donazzjoni tal-bajd [ooċit]
Oocyte vitrification	Iffriżar tal-bajd [ooċit]
Oogenesis	Il-formazzjoni ta' l-ovuli
Oophoritis	Infjamazzjoni fl-ovarji [l-għanqud tal-bajd fil-mara]
Oophorocystectomy	Tneħħija ta' ċisti fl-ovarji
Oophorohysterectomy	Operazzjoni kirugika fejn jitneħħa l-utru u l-għeniqed tal-bajd
Oophorrhagia	Emorraġija fl-ovarji
Oosperm	Oosperma; bajda [ooċit] fertilizzata mill-isperma [®2]
Oral contraceptive pill [OC]	Pillola meħuda biex tipprevjeni l-bidu ta' tqala
Orchitis	Infjammazzjoni tat-testikoli [l-bajd tar-raġel]
Osteoporosis	Osteoporożi; diminuzzjoni fis-saħħa ta' l-għadam
Ovarian	Ta' l-ovarji
Ovarian ablation	Tneħħija tal-ovarji
Ovarian carcinoma	Kanċer [tumur malinn] fl-ovarji
Ovarian Cyst	Ċista fl-ovarju
Ovarian cystadenocarcinoma	Tumur malinn li jifforma ċisti fl-ovarji
Ovarian dysgenesis	Żvilupp anormali tal-ovarji
Ovarian fibroma	Fibroma fl-ovarji
Ovarian hyperstimulation syndrome [OHSS]	Stimulazzjoni eċċessiva tal-ovarji
Ovarian pregnancy	Tqala ektopika fl-ovarji
Ovaries	Ovarji; l-organi riproduttiv fil-mara

Ovariocele	Ftuq fl-ovarji
Ovariorrhexis	Qsim tal-ovarji
Ovariosalpingectomy	Tneħħija kirurġika tal-ovarji u t-tubu ta' Fallopju
Ovariosalpingitis	Infjammazzjoni fl-ovarji u t-tubi ta' Fallopju
Ovariostomy	Inċiżżjoni tac-ċisti fl-ovarji
Ovaritis	Infjammazzjoni tal-ovarju
Oviduct	It-tubu ta' Fallopju; tubi li jwasslu mill-ovari għall-utru li minnhom tgħaddi l-bajda [®3:p.851]
Ovotesticular	Gonadi li għandhom tessut kemm maskili u kemm femminili
Ovotestis	Gonadi li għandhom tessut kemm maskili u kemm femminili [®2]
Ovoviviparous	Twelid ta' frieħ minn bajd imfaqqas fil-ġisem ta' l-omm [jiġri hekk per eżempju fix-Xaħmet l-art] [®2]
Ovulation	Ovulazzjoni
Ovum [ova]	Bajda
Oxygenated blood	Demm ossiġenat
Oxytocin	Ormon li jistimula l-utru waqt it-twelid u s-sider biex jirrilaxxa l-ħalib

P

Paediatrician	Pedjatra
Palpation	Palpazzjoni
Panhysterectomy	Tneħħija kirurġika kompleta tal-organi ġenitali fil-pelvi [utru, l-ovarji, it-tubi ta' Fallopju, u l-glandoli relatati]
Panniculitis	Infjammazzjoni fix-xaħam ta' taħt il-ġilda taz-żaqq
Panniculus	Tkabbir ta' saff qawwi ta' tessut ta' xaħam fiż-żaqq
Papanicolaou [PAP] test	Test li jicekkja ic-celloli ta' l-għonq ta' l-utru għal xi forma ta' anormalitá
Papillomavirus [see HPV]	Virus li hu kawża ta' felul
Paracervical	Madwar iċ-ċerviċi jew l-għonq tal-utru
Parametric	Madwar l-utru
Parametric abscess	Infezzjoni bil-materja fit-tessut madwar l-utru
Parametritis	Infjammazzjoni madwar l-utru
Paraovarian cyst	Ċisti ħdejn it-tubi ta' Fallopju u l-ovraji
Paratubal cyst	Ċisti madwar it-tubi ta' Fallopju
Paraurethral	Madwar il-kanal ta' barra tal-awrina
Paravaġinal hysterectomy	Isterektomija magħmula b'aċċess mill-vaġina
Paravaginitis	Infjammazzjoni fit-tessuti madwar il-vaġina
Partogram	Rekord grafiku tal-progress waqt il-ħlas
Parturent	Muluda; mara li ħelset mit-tqala [®1:p.97]
Parturition	Twelid
Paternity	Paternitá; nisel il-missier
Peau d'orange appearance of the breast	Dehera tal-qoxra tal-laringa fil-ġilda f'kanċer avvanzat fis-sider
Pelvic brim	L-ftuħ tal-pelvi
Pelvic congestion	Konġestjoni pelvika
Pelvic examination	Eżami pelviku
Pelvic Exenteration	Tneħħija kirurġika tal-organi kollha mill-kavita tal-pelvi
Pelvic floor muscles	Muskoli fil-pelvi
Pelvic floor surgery	Kirurġija biex issaħħah il-muskoli tal-pelvi
Pelvic haematoma	Tbenġila fi-pelvi; akkumulazzjoni ta' demm fit-tessuti tal-pelvi
Pelvic inflammatory disease [PID]	Mard infjammatorju tal-pelvi; infezzjoni fil-organi tal-pelvi
Pelvic pain	Uġigħ pelviku
Pelvic thrombophlebitis	Infjammazzjoni fil-vina maġġura li tibda mill-pelvi għas-sieq
Pelvic ultrasonography	Ultrasawnd tal-pelvi
Pelvic vein congestion	Konġestjoni fil-vina pelvika
Pelvicephalography	Kejl radjografiku tal-kanal tat-twelid u tar-ras tal-fetu

Pelvimetry	Evalwazzjoni tal-kanal tal-pelvi
Pelvis	Baċin [®1:p.6]; pelvi
Penis	Pene; bxula; organu sesswali tar-raġel
Per vaġinam	Mill-vaġina
Perimenopause	Il-perjodu madwar il-bidu tal-menopawsa
Perinatal	Perinatali; il-perjodu li jkopri l-aħħar ġimgħat tat-tqala u l-ewwel gimgha wara l-ħlas
Perinatal acidosis	Aċidita tad-demm żejda fit-tarbija mat-twelid
Perinatal infant death	Mewt perinatali
Perinatal mortality rate	Rata ta' mortalita' perinatali
Perinatal wastage	Ħela perinatali
Perinatology	Speċjalizzazzjoni li tikkonċerna il-kura ta' l-omm u t-tarbija fil-perjodu perinatali
Perineal laceration	Tiċrit perineali; tiċrita fi-fundament
Perineometer	Strument li jkejjel il-qawwa tal-kontrazzjonijiet tal-fundament
Perineovaġinal fistula	Fistla bejn il-vaġina u l-fundament
Perineum	Perinew [®6:p.13]; fundament [®1:p.24]; iż-żona bejn l-anus u l-organi ġenitali
Period [menstrual]	Ċiklu mestrwali
Peripartum	Madwar il-ħlas
Peritoneum	Peritonew; l-inforra tal-ħajt addominali
Peritonitis	Peritonite; infjammazzjoni tal-peritonew [®3:p.872]
Periumbilical incision	Inċiżżjoni madwar iż-żokra
Pernicious anemia	Anemija ikkaġunata minn nuqqas ta' Vitamina B
Pessaries [ring]	Ħolqa li titpoġġa fil-vaġina
Pessaries [vaġinal]	Mediċina li titpoġġa fil-vaġina
Pethidine	Mediċina kontra l-uġigħ
Pfannenstiel incision	Inċiżżjoni kirurġika magħmula fil-parti l-isfel taz-żaqq
Phallic	Falliku; tixbaħ l-organu maskili [®2]
Phantom pregnancy	Tqala falza
Physiotherapy	Fiżjoterapija
Pinard's stethoscope	Stetoskopju b'forma ta' trumbetta jintuża biex tisma' il-qalb tal-fetu mill-ħajt addominali
Pitocin	Mediċina ormonali li kienet tintuża biex jibdew il-kontrazzjonijiet fl-utru fl-antik
Pituitary gland	Glandola pitwitarja
Placenta	Sekonda; bxima
Placenta acreta	Sekonda imwaħħla fil-fond tal-muskolu tal-utru
Placenta praevia	Sekonda imwaħħla fil-parit ta' isfel tal-utru
Placental abruption	Sekonda mifruda mill-inforra ta' l-utru
Placental barrier	Il-qasma bejn iċ-ċirkulazzjoni tal-fetu u l-omm
Placental cotyledon	Unita tas-sekonda tal-fetu
Placental grade	Grad li jirrifletti l-eta' tas-sekonda
Placental infarct	Mewt ta' parti tas-sekonda

Placental perfusion	Il-passaġġ tad-demm fis-sekonda
Platelets	Korpi li jiddeterminaw kif jaqgħad id-demm
Podalic presentation	Preżentazzjoni tal-fetu mill-warrani [®6:p.34]
Polycystic ovary syndrome [PCOS]	Sindromu tal-ovarji poliċisti ikkaġunat minn disturbi ormonali
Polyhydramnios	Eċċess ta' fluwidu madwar it-tarbija fil-ġuf
Polyp	Qarnita
Possiting	Ħalib li t-tarbija ittela wara li tisqija
Post-coital test	Test magħmul fuq it-tisfija ta' l-għonq ta' l-utru wara l-att sesswali
Postmature infant	Tarbija li twieldet wara 42 gimgħa ta' ġestazzjoni
Postmenpausal vaginitis	Infjammazzjoni tal-vaġina fil-menopawsa ikkaġunata minn ġilda vaġinali rqiqa u atrofika
Postmortem cesarean section	Ċeżarja magħmula wara l-mewt tal-omm
Postmortem delivery	Ħlas tat-tarbija wara l-mewt tal-omm
Postnatal	Wara it-tqala
Postnatal depression	Dipressjoni wara t-tqala
Postpartum	Wara il-ħlas
Postpartum alopecia	Telf ta' xagħar wara il-ħlas
Postpartum amenorrhoea	Assenza ta' mestrwazzjoni wara l-ħlas
Postpartum cardiomyopathy	Disturb tal-qalb assoċjat mal-ħlas
Postpartum haemorrhage	Emorraġija wara il-ħlas
Postpartum hypertension	Ipertensjoni fuq mara li għada kif welldet
Postpartum psychosis	Mard mentali jew psikotiku li jseħħ wara it-tqala
Post-term labour	Ħlas li jseħħ wara iz-żmien li suppost
Pre-conception counselling	Parir mediku mogħti qabel it-tqala
Pre-eclampsia [toxaemia]	Ipertensjoni għolja fit-tqala
Pre-embryonic phase	Il-fażi prijembrijonika qabel ma' bajda iffertilizzata teħel mal-ġuf
Pregnancy	Tqala; gravidanza
Pregnancy test	Test tat-tqala
Premature birth	Twelid prematur [qabel iz-żmien]
Premature rupture of membranes [PROM]	Ftuq ta' membrani qabel iz-żmien
Premenstrual Syndrome [PMS]; Premenstrual Tension [PMT]	Is-sintomi ta' qabel il-mestrwazzjoni [®3:p.902]
Prenatal	Prenatali
Prepuce	Il-prepuzju
Presenting part	Il-parti tal-fetu li tippreżenta għal ħlas
Preterm labour	Ħlas qabel iz-żmien
Primapara	Mara li welldet wild wieħed

Primary uterine inertia	Nuqqas ta' kontrazzjonijiet fl-utru waqt il-ħlas
Primigravida	Mara li ħarġet tqila darba
Primiparous	Mara li weldet darba
Primogeniture	Primoġenitura; l-ewwel wild tal-familja] [®2]
Primordium	Primordju; organu jew tessut fl-ewwel stadju tal-iżvilupp [®2]
Procidentia	L-inżul ta' l-utru barra mill-vaġina
Prodromal labor	Bidu ta' ħlas falz
Progesterone	Proġesteron; ormon femminili li jidher wara l-ovulazzjoni
Prolactin	Ormon mill-pitwitarja li jikkontrolla il-produzzjoni tal-ħalib fis-sider
Prostaglandin	Ormon li jinstab mal-ġisem kollu b'effetti varji [®2]
Proteinuria	Preżenza ta' protejini eċċessivi fl-awrina
Pruritic folliculitis	Infjamazzjoni severa tal-follikulu tax-xagħar
Pruritus vulvae	Hakk fil-vulva [parti ġenitali esterna tal-mara]
Pseudocyesis [see phantom pregnancy]	Tqala falza
Psychogenic pelvic pain	Uġigħ pelviku pskologiku
Puberty	Puberta'
Pubic, pubis	Pubika; iż-żona frontali tal-reġjun ġenitali
Pubis symphysis	Il-parti ta' fuq tal-pubi
Pudendal block	Loppju lokali fin-nerv li jissuplixxi ir-reġjun ġenitali
Puerperal cardiomyopathy	Jappartjenu jew assoċjati mal- mard fil-muskoli tal-qalb fit-twelid
Puerperium	Pwerperju; iż-żmien sa sitt ġimgħat wara l-ħlas
Pulmonary embolus	Embolu pulmonari
Pyosalpinx	Kollezzjoni ta' materja fit-tubi ta' Fallopju

Q

Quadruplets	Tqala b'erbgħa trabi
Quintuplets	Tqala b'ħames trabi

R

Radical mastectomy	Tneħħija kirurġika tas-sider b'mod radikali
Rectum	L-aħħar parti tal-musrana l-kbira
Recurrent miscarriage	Korriment rikurrenti
Reproductive organs	Organi riproduttivi
Reproductive years	Snin ta' riproduttivita
Retrosternal	Wara l-għadma tas-sider [®2]
Retrovert	Imdawwar lura [jingħad għall-ġuf] [®2]
Rh incompatibility	Inkompatibilita' tat-tip tad-demm Rhesus
Rhesus [Rh]	Tip tad-demm imsejjaħ Rhesus
Right mentoanterior position	Pożizzjoni tat-tarbija fil-ġuf fejn ix-xedaq jipponta l-quddiem u lejn il-lemin
Right mentotransverse position	Pożizzjoni tat-tarbija fil-ġuf fejn ix-xedaq jipponta la ġenba u lejn il-lemin
Right occipitoanterior position [ROA]	Pożizzjoni tat-tarbija fil-ġuf fejn il-warrani tar-ras jipponta l'quddiem u lejn il-lemin
Right occipitotransverse position [ROT]	Pożizzjoni tat-tarbija fil-ġuf fejn il-warrani tar-ras jipponta la ġenba u lejn il-lemin
Ring pessary	Ħolqa
Risk	Riskju
Rudimentary	Rudimentarju; bla użu
Rupture of membranes [ROM]	Tifqa l-ilma; tiċrita fil-borża madwar l-fetu fil-ġuf

S

Sacral promontory	Il-parti prominenti tal-bażi tas-sinsla fuq ġewwa
Sacrum	Il-bażi tas-sinsla
Salpingectomy	Tneħħija tat-tubu ta' Fallopju
Salpingitis	Salpinġiti; infezzjoni fit-tubi ta' Fallopju
Salpingo-oophorectomy	Tneħħija tat-tubi ta' Fallopju u l-ovarji
Sanitary pad	Oġġett li jassorbi u li tilbes il-mara waqt il-mestrwazzjoni
Scientific evidence	Evidenza xjentifika
Screening	Tfittix għal riskju ta' problemi ta' mard
Sebaceous cyst	Ċesta tar-ross
Second degree tear	Tiċrita tat-tieni grad
Second stage of labour	It-tieni stadju tal-ħlas
Secondary infertility	Infertilitá sekondarja
Secondary uterine inertia	Nuqqas ta' kontrazzjonijiet effettivi fl-utru waqt il-ħlas
Second-look laparoscopy	Laparoskopija biex jiġi iċċekkjat l-ġewwieni taz-żaqq għat-tieni darba
Semen	Liba; il-fluwidu taz-żerriegħa tar-raġel
Seminal Vesicle	Il-glandoli ħdejn il-prostata
Senile vaginitis	Infjammazzjoni tal-vaġina riżultat ta' dgħjufija tal-ħajt
Septic abortion	Korriment infettat
Severe pre-eclampsia	Ipertensjoni għolja fit-tqala severa
Sex chromosome	Kromożomi sesswali [X u Y] li jidderminaw is-sess
Sexually transmitted infection [STI]	Infezzjoni trasmessa sesswalment
Shoulder dystocia	Twaħħil ta' l-ispalla waqt il-ħlas
Siamese twins	Tewmin konġunti [imwaħħlin flimkien]
Single-tooth tenaculum	Forbiċi b'sinna waħda
Skene's glands	Glandoli ħdejn il-uretra
Special Care Baby Unit	Taqsima speċjali għall-kura tat-trabi
Speculum [vaġinal]	Strument użat biex teżamina l-vaġina
Sperm	Sperma; żerriegħa tar-raġel [® 1:p.26]
Spermatogenesis	Spermatoġenesi; il-produzzjoni ta' l-isperma [®2]
Spermatozoa	Sperma li għada tiżviluppa
Spina Bifida	Ftuħ anormali fil-bażi tas-sinsla tad-dar
Spleen	Milsa [®4:p.358]
Spontaneous vaġinal birth	Ħlas spontanju
Sporadic	Mifruxa jew iżolati; bla regola
Squamous intraepithelial lesion [SIL]	Tkabbir anormali ta' ċelloli koperti fuq il-wiċċ taċ-ċerviċi

SROM [spontaneous rupture of membranes]	Ftuq spontanju ta' membrani
Stage of dilatation	L-istadju tal-ftuħ ta' l-għonq ta' l-utru waqt il-ħlas
Stem cells	Ċelluli primittivi
Sterile	Ħawli [®3:p.167]
Sterilisation	Sterilizzazzjoni
Steroids	Sterojdi
Stillbirth	Fetu li twieled mejjet
Stress incontinence [urinary]	Inkontinenza f'ċirkostanzi ta' pressa fuq il-bużżieqa ta' l-awrina
Striae gravidarum	Marki fuq l-addome waqt u wara t-tqala
Subabdominal	Taħt l-addome [®2]
Succenturiate lobe of placenta	Biċċa sekonda sseparata mill-kumplament
Superfetation	Fertilizzazzjoni ta' bajda waqt it-tqala
Superovulation	Produzzjoni ta' numru kbir ta' bajd waqt kura stimulativa
Surgical abortion	Abort kirurġiku
Surrogate mother	Mara li ġġorr fil-ġuf tarbija ta' ħaddiehor
Sutures	Punti
Symphisis pubis	Sinfisi tal-pube
Symptom	Sintomu
Syndrome	Sindromu
Syphilis	Sifilide; marda venerea [®2]

T

Tachycardia	Rata tal-qalb magħgla
Tampon	Tampun
Temperature	Temperatura
Teratogenic	Ifixkel l-iżvilupp tal-embriju fil-ġuf
Term	Terminu
Testis	Testikoli
The woman giving birth	Il-Muluda [®1:p.97]
Third degree tear	Tiċrita tat-tielet grad
Threatened abortion [miscarriage]	Stat ta' riskju ta' korriment
Thrombophilia	Inabilitá adekwata fejn jagħqad id-demm
Thrombosis	Trombożi
Thrush	Traxx; infezzjoni fil-moffa kandida
To open bowels	Biex tipporga
Tocodynagraph	Reġisitrazzjoni tal-forza tal-kontrazzjonijiet tal-utru
Tocolysis	Kura mogħtija biex tnaqqas il-forza tal- kontrazzjonijiet ta' l-utru
Total abdominal hysterectomy [TAH]	Isterektomija totali addominali
Total mastectomy	Tneħħija kirurġika tas-sider
Toxaemia	Kundizzjoni tat-tqala ikkarettizata minn pressjoni għolja u protejina fil-awrina
Transabdominal scan	Ultrasawnd magħmul minn barra ż-żaqq
Transvaginal scan	Ultrasawnd magħmul minn ġewwa l-vaġina
Transverse position	Pożizzjoni trasversali [la ġenba]
Trimester	Trimestru
Tubal gestation	Ġestazzjoni fit-tubi
Tubal ligation	Irbit tat-tubi ta' Fallopju; sterilizzazzjoni tal-mara
Tubal obstruction [occlusion]	Tubi ta' Fallopju imblukkati
Tubal pregnancy	Tqala ektopika fit-tubi ta' Fallopju
Tubo-ovarian	L-ovarji u tubi ta' Fallopju
Tubo-ovarian absecess	Aċċess tal-ovarji u tubi ta' Fallopju
Twin	Hbiela tewmija; tewmin

U

Ultrasound	Ultrasawnd
Umbilical artery	L-arterja umbilikali
Umbilical cord	Kurdun taż-żokra
Umbilicus	Żokra
Urethra	Il-kanal ta' barra ta' l-awrina [bejn il-bużżieqa tal-awrina għal-barra]
Urethrovaġinal fistula	Fistla bejn il-kanal ta' barra ta' l-awrina u l-vaġina
Urine	Awrina
Urodynamics	Tesitijet li jevalwaw il-funzjoni tal-bużżieqa tal-awrina
Urogenital	Uroġenitali; relata ma l-organi tal-awrina u dawk ġenitali [®2]
Uterine cornu [horn]	Il-kantunieri ta' fuq ġewwa l-kavitá ta' l-utru
Uterine leiomyoma	Fibroma ta' l-utru
Uterine Malformation	Utru b'forma anormali
Uterine manipulator	Manipulatur tal-utru
Uterine massage	Massaġġi ta' l-utru
Uterine Orifice	L-entratura tal-utru
Uterine Prolapse	Inżul [prolass] ta' l-utru
Uterine tubes	Tubi tal-utru; tubi ta' Fallopju
Uterus	Utru; ġuf

V

Vacuum delivery [see ventouse delivery]	Ħlas tat-tarbija b'estrattur tal-vakwu
Vacuum extractor	Estrattur b'użu tal-vakwu
Vaġina	Vaġina
Vaġinal adenosis	Tessut ulċeroglandolari fil-vaġina
Vaġinal atrophy	Dgħjufija tal-ħajt tal-vaġina
Vaġinal birth after cesarean [VBAC]	Twelid vaġinali wara ċeżarja
Vaġinal bleeding during pregnancy	Emorraġija waqt it-tqala
Vaġinal candidiasis [see vaġinal thrush]	Infezzjoni bil-moffa kandida fil-vaġina
Vaġinal discharge	Tisfija vaġinali
Vaġinal examination - Internal	Eżami vaġinali magħmul internament
Vaġinal microflora	Organiżmi mikroskopici fil-vaġina
Vaġinal mucosa	Il-ġilda tal-vaġina
Vaġinal orifice	Il-bokka tal-vaġina
Vaġinal Plexus	Xibka ta' vini madwar il-vaġina
Vaġinal Prolapse	Prolass tal-vaġina
Vaġinal swab	Imsieħ tal-vaġina [ġeneralment biex wieħed jieħu kampjun għal-laboratorju]
Vaġinal thrush	Infezzjoni bil-moffa kandida fil-vaġina
Vaginismus	Kontaminazzjoni qawwija tal-muskoli tal-vaġina
Vaginitis	Infjammazzjoni tal-vaġina
Varicella	Ġidri ir-rih
Vas deferens	It-tubu li jagħqqad it-testikoli għal barra
Vasa praevia	Arterja tas-sekonda li taqsam minn fuq l-għonq tal-utru
Vasectomy	Sterilizzazzjoni maskili
VBAC [vaġinal birth after cesarean]	Twelid vaġinali wara ċeżarja
Vein	Vina
Velamentous insertion of the cord	Inserzzjoni miftuħa tal-kurdun fis-sekonda
Venous thrombosis	Tromboży fil-vini
Ventouse delivery	Ħlas tat-tarbija b'estrattur tal-vakwu
Vertex delivery	Ħlas li fih il-quċċata tar-ras toħrog l-ewwel
Vertex presentation	Preżentazzjoni tal-quċċata tar-ras it-tarbija
Vesicovaġinal fistula	Fistla bejn il-bużżieqa ta' l-awrina u l-vaġina

Virus	Micro-organiżmu żgħir ħafna li jirreplika biss ġewwa ċelluli ħajjin
Viscera	L-organi interni rotob tal-ġisem
Vulva	Organi ġenitali esterni tas-sess femminili
Vulval lumps	Massa fil-vulva
Vulvovaginitis	Infjammazzjoni tal-vaġina u l-vulva

W

Water birth	Twelid ta' tarbija fl-ilma
Water breaks	Jinfaqa l-ilma; tinkiser it-tisqija [®1:p.90]
Weak cervix	Għonq ta' l-utru dgħajjef
Weaning	Ftim [®1:p.96]
Wet nurse	Mara li tredda trabi li m'humiex tagħha stess
White cell	Iċ-ċelluli l-bojod tad-demm
White cell count	Għadd taċ-ċelluli l-bojod fid-demm
Womb	Ġuf; utru
Women's Breast	Sider; beżżula [plural - Bżieżel]; ħobb [cf. bosom]

X

X-ray　　　　　　　　Eksrej; ritratt radjoloġiku [®3:p.93]

Z

Zygote — L-ewwel ċelluli iffurmati fl-ewwel fażi ta' riproduzzjoni sesswali

References

G.B. Schembri. *Taghlim għal l-istudenti ta' l-iscola tal-kwiebel ta' l-Isptar Centrali*. Government Printing Press, Malta, 1897, +111p.. This publication has a contemporary English translation entitled "*The Midwife's Guidebook*" published in 1896

J. Aquilina. *English-Maltese dictionary*. Midsea Publications, Malta, 1999, 4 vols.

J. Aquilina. *Concise Maltese-English Engish-Maltese Dictionary*. Midsea Publications, Malta, 2006, +1189p.

M. Serracino Inglott, S. Mifsud. *Dizzjunarju Malti*. Merlin Publ., Malta, 2011 3rd edition, +654p.

S.L. Pisani. *Ktieb il-Qabla*. P. Debono, Malta, 1883, +105p.

J. Mamo. *Obstetrica Illustrata - Illustrated Midwifery*. J. Mamo, Malta, 1939, +80p.

www.ingramcontent.com/pod-product-compliance
Lightning Source LLC
Chambersburg PA
CBHW041104180526
45172CB00001B/100